材料学シリーズ

堂山 昌男　小川 恵一　北田 正弘
監　修

人工格子入門
新材料創製のための

新庄 輝也 著

内田老鶴圃

本書の全部あるいは一部を断わりなく転載または
複写(コピー)することは，著作権および出版権の
侵害となる場合がありますのでご注意下さい．

材料学シリーズ刊行にあたって

　科学技術の著しい進歩とその日常生活への浸透が 20 世紀の特徴であり，その基盤を支えたのは材料である．この材料の支えなしには，環境との調和を重視する 21 世紀の社会はありえないと思われる．現代の科学技術はますます先端化し，全体像の把握が難しくなっている．材料分野も同様であるが，さいわいにも成熟しつつある物性物理学，計算科学の普及，材料に関する膨大な経験則，装置・デバイスにおける材料の統合化は材料分野の融合化を可能にしつつある．

　この材料学シリーズでは材料の基礎から応用までを見直し，21 世紀を支える材料研究者・技術者の育成を目的とした．そのため，第一線の研究者に執筆を依頼し，監修者も執筆者との討論に参加し，分かりやすい書とすることを基本方針にしている．本シリーズが材料関係の学部学生，修士課程の大学院生，企業研究者の格好のテキストとして，広く受け入れられることを願う．

監修　　堂山昌男　小川恵一　北田正弘

「人工格子入門」によせて

　この材料学シリーズに個性豊かな教科書がまた一つ誕生した．新庄輝也教授は金属人工格子の長年にわたる開拓者であり，著者の研究歴はその一つ一つが人工格子研究のマイルストーンとなっている．金属人工格子，巨大磁気抵抗効果，微細加工技術の活用と常に実験家の先頭に立って研究を推進してきた．

　この教科書では著者は式をなるべく使うことなく，自分の経験や考え方を新庄節とも言うべき，親しみやすい語り口で読者に語りかけている．その内容は含蓄の深いものがある．人工格子は現在活発に研究が展開されている研究分野であり，ナノテクノロジーの基本的技術の一つとなっている．材料に興味を持つ方ならば，学部学生，大学院生，企業の研究者・技術者を問わず得るものが多い本である．

小川恵一　北田正弘

はしがき

　ある先生に，「教科書には間違いが多い方がよい」といわれて驚いたことがある．警句を発する才にたけたその先生は，特に演習問題の答えが間違っていると教育上大変効果的であると続けられた．そこまで行くと度がすぎるが，考えてみれば教科書は完全無欠であることがベストとはいえない面があるのは確かである．あらゆることが明快に説明できているかのように記述した教科書はむしろ研究への意欲を減退させるおそれがある．大学院レベルの読者は，説明可能な事項だけを選んで紹介しているのが教科書であり，記述が抜けている部分がこれから研究すべき未開拓分野であるという認識を持つ必要がある．あるいは教科書の記述自体に疑問を持つことが研究への関心を引き起こす場合もあろう．通常の教科書は，著者の理解力が及ぶ範囲の内容を並べたものであり，理解できないことを「わからない」とは明記しない場合が多い．著者の力量を問われたくなければ，結局わからない部分は省略して無難にすまそうという心理が働くのは当然である．

　いわゆる教養コースでの基礎教育では，客観的に真理として認められた事項を並べた教科書の必要性は明らかである．しかし専門的な課程に進めば研究への興味を高揚させることがより重要であり，そのためには著者の主観を前面に押し出した記述も効果的である．この本の記述は間違いではないか，あるいはこの著者の理解の仕方は正しいだろうか，などという疑問が生じると著者への評価が下がる心配がある．しかし，あらゆる現象が矛盾なく理解されているような印象を与える教科書よりも，若い人に自分も研究に取り組みたいというきっかけを与えるために有効かもしれない．解決できないままの課題が数多く残されており，未開拓のままの広い分野が存在するという印象を与えることから，自らも研究に参加してみようという意欲が生まれる．著者を踏み台にすることが研究への足掛かりとなったとすれば，その著作物の大いなる功績といえ

るのではないか？　そういう考え方をすれば本を書くのもやや気が楽になる．

　筆者は過去40年にわたって磁性体に関係する研究を行ってきた．磁性体物性の中でも，表面界面の磁性に焦点を当てていきたいと考えたのは約30年前である．その結果が薄膜，特に多層膜の研究に進展し，約20年前からは人工格子と称する新物質探索を中心課題に掲げてきた．1988年には，人工格子の特異な物性として巨大磁気抵抗(GMR)効果が出現し，筆者の研究の内容もGMRから種々の影響を受けたものとなった．さらに最近の研究に取り入れている微細加工技術もGMR研究から派生した結果といえる．近年の磁性体研究においては，人工格子とGMRが重要な研究対象となっている．そこで，金属人工格子とGMRをキーワードとして筆者の研究をかえりみるとともに，関連する重要な知見の紹介を加えて成書としようと考えるにいたった．

　筆者が従事してきた研究の内容をながめてみると，研究分野として十分に確立したものではなく，むしろ境界領域という表現が当っており，またいわゆる先端分野といわれる部分がかなり含まれている．これらを分野として体系化されたものにすることは筆者の能力を超えるものであり，また強引に体系化してもその意義は疑問である．そこで，本書の内容は筆者が直接関与してきた研究対象の解説が主となっており，分野としてはかなり偏った部分しかカバーできていないこと，記述の順序などについても適切とはいえない部分もありうることをあらかじめお断わりしておきたい．特化された主題を取り上げている以上，広い範囲の読者の興味を引き付けることはもともと期待できないが，記述の程度としては専門的知識のない学部学生でも理解できることを念頭においた．材料学シリーズの一巻という目で見ると，本書のカバーする材料分野は金属人工格子に限定されており，やや特殊な参考書という印象を与えるかもしれないが，今後多方面への発展の可能性があり，まったく分野の異なる読者にも概念をつかんでもらえるように平易な解説に努めた．

　これから説明するように，人工格子は自然には存在しない新物質であり，膨大な種類の人工格子の可能性が存在するものの，これまでに踏査された領域はごくわずかである．GMRの出現によって焦点が当てられた部分には綿密な調査が行われているが，全体から見れば人工格子のごく一部が開拓されたに過ぎ

ず，依然として未調査物質の宝庫であることには変わりはない．今後，基礎研究のモデル物質を設計したり，なんらかの新機能の発現を期待して物質開発を目指すとき，未知の可能性に期待してしばしば人工格子が見直されるものと予想される．現時点は，機能性材料としての人工格子研究が次の展開の方向を模索する時期にきている．これまでの研究を振り返るとともに，今後の発展の可能性を検討する時期としては適切であろう．

　本書ではコラムを設けて特殊な用語の解説を行っている．その中には，専門的知識を持たない読者のための技術的用語の解説に加えて，本文中に含めると冗長な印象を与える説明，あるいはやや主観が入った記述なども含まれている．一方，まだ信頼性が確定したとはいえないトピックなどもいくつかコラムに拾いあげた．コラムを参照する必要を感じない読者には無視して頂いてもよく，適宜，必要と興味に応じてコラムに目を配ってほしい．本書の内容の中に，物質研究に従事する専門家にも関心を持ってもらえる部分があれば幸いである．

　本書の執筆は堂山昌男先生，小川恵一先生，北田正弘先生のお勧めによって始めたものであり，感謝の意を表したい．特に小川恵一先生には長年にわたって我々の人工格子研究にご関心を寄せて頂き，さまざまなご支援を頂いてきたことにあらためて感謝の意を表したい．また本書執筆の過程で適切なコメントを頂いた北田正弘先生に深謝する．

平成 14 年 2 月

新　庄　輝　也

目　　次

材料シリーズ刊行にあたって
「人工格子入門」によせて

はしがき……………………………………………………………………………*iii*

1 薄膜から人工格子へ

1.1　はじめに ………………………………………………………………*1*
1.2　新物質としての人工格子 ………………………………………………*3*
1.3　人工格子研究の意義 ……………………………………………………*12*
　　コラム1　fcc-Fe

2 人工格子の作製と構造評価

2.1　人工格子の作製法 ………………………………………………………*19*
　　コラム2　膜厚と膜厚計　コラム3　走査型トンネル顕微鏡，原子間力顕微鏡，磁気力顕微鏡
2.2　人工格子の構造の分類 …………………………………………………*26*
2.3　エピタクシャル人工格子 ………………………………………………*30*
2.4　非エピタクシャル人工格子 ……………………………………………*40*
　　コラム4　メスバウアー分光法　コラム5　内部磁場
2.5　界面の構造 ………………………………………………………………*49*
　　コラム6　反射法メスバウアー測定

3 人工格子の特性

3.1 磁気的性質 ·· 59
  コラム 7 光と磁気　コラム 8 磁気異方性エネルギー　コラム 9 表面磁気異方性エネルギー　コラム 10 永久磁石材料
3.2 超 伝 導 ·· 74
  コラム 11 酸化物人工格子
3.3 力学的性質 ·· 80
3.4 その他の性質 ·· 81

4 巨大磁気抵抗効果（GMR）

4.1 Fe/Cr 人工格子における GMR ································ 83
  コラム 12 磁気抵抗（MR）効果　コラム 13 GMR 効果の発見
4.2 結合型 GMR と層間結合 ······································ 90
  コラム 14 ウェッジ型試料　コラム 15 Cr 薄膜の磁気構造
4.3 非結合型 GMR ·· 97
4.4 熱伝導度の磁場効果 ·· 103
4.5 スピンバルブ ·· 105
  コラム 16 ハードディスクドライブと GMR ヘッド

5 GMR に関連するトピックス

5.1 GMR 効果のバリエーション ·································· 111
  コラム 17 CMR
5.2 GMR 測定の Geometry ······································ 115
  コラム 18 MRAM

5.3　磁性体の微細加工 ……………………………………………………… *125*
　　コラム 19 微細加工技術　コラム 20 磁区と磁壁　コラム 21 微小磁性体の磁気構造：磁気ドットのボルテックス磁気構造

あとがき ……………………………………………………………………… *133*
参考文献 ……………………………………………………………………… *135*
索　引 ………………………………………………………………………… *143*

薄膜から人工格子へ

1.1 はじめに

　現代の機能性材料の中には薄膜の形状で利用されている例が多い．望ましい機能が薄膜でなければ発現しない場合には，薄膜である必要は明らかであるが，先端機器をできるだけ小型化するためにも材料を薄膜形状にすることが望ましいため，薄膜研究の重要性はますます高まっている．一般に厚さ方向の寸法がその他の方向に比べて著しく小さい形状であれば，広い意味の薄膜に含まれるが，本書での薄膜は，気相や液相を通してなんらかの基板の上に堆積させて作製された固体の薄い膜を指しており，膜厚としては単原子層から数ミクロンを念頭においたものである．

　金属の薄膜の研究の起源はさだかではないが，原子層を単位とするような超薄膜や，清浄な状態の表面の研究には超高真空雰囲気が不可欠であり，その意味で信頼できる結果が得られ始めたのは比較的最近のことである．イオンポンプやクライオポンプなどを用いる 10^{-7} Pa[*1] 以上の超高真空に到達できる手法は，1970年ごろから次第に普及し，表面解析装置に利用されるようになった．それ以前は，超高真空は一種の特殊技能であり，真空技術の専門家にしか利用できないものであったため，70年代に金属薄膜の作製に超高真空を導入していたグループは世界的にもごくわずかであった．Esakiら[1]が1970年ごろに始めた半導体超格子作製(MBE法[*2])は，原子のレベルでの人工的なデザインにしたがって物質を作製する試みであり，物質科学における画期的進歩のひと

[*1] 国際単位系(SI)での圧力の単位，1パスカル(記号 Pa)＝1 N/m^2．従来の単位との換算は，1 atm＝101325 Pa，1 Torr＝133.328 Pa．

[*2] 超高真空中の蒸着法により，原子層単位で膜厚を制御した単結晶状多層構造膜を作製する技術．MBE法(molecular beam epitaxy)と呼ばれる．

つに数えられている．金属人工格子作製にあたって，半導体における MBE 法がいろいろな意味で参考になっている．MBE 法などの半導体薄膜作製装置の進歩は超高真空技術に支えられてきた．

　本書の主題のひとつである金属人工格子という用語は，複数の金属層の厚さを原子レベルで制御しつつ積層した人工的多層構造膜を指している．ここで，半導体などに用いられる超格子という概念との違いに若干言及する．超格子 (superlattice) は新しい術語ではなく，かなり古くから用いられてきたものである．結晶の単位胞 (unit cell) よりも長い周期性を意味し，天然の物質に多くの例が存在する．超格子という用語は基本格子の存在を前提としており，単位胞の 2 倍や 3 倍に対応する周期性が存在するときに超格子構造という．X 線や電子線による回折手法を用いれば，その周期性に応じた超格子反射ピーク，あるいはスポットが観測される．人工的に合成された半導体超格子の代表例は，GaAs を基本構造とし，同型の AlAs を組合せて作製したエピタクシャル多層構造[*1]である．GaAs 層の厚さを単原子層単位 (ML) で p, AlAs 層を q とし，n 回繰り返して積層した多層構造を $[\mathrm{GaAs}(p\mathrm{ML})/\mathrm{AlAs}(q\mathrm{ML})] \times n$ と表すと，この場合には GaAs の単位格子の p 倍と AlAs の q 倍の和をユニットとする人工周期が存在し，X 線回折などでその生成が確認できる．このような人工的長周期構造を単に超格子と呼んでいる場合があるが，厳密には天然に存在する超格子と区別して人工超格子と呼ぶべきである．また異なった物質を組合せた多層構造という意味でヘテロ超格子と呼ばれることもある．

　一方，これから説明する金属人工格子の定義には，人工的多層構造の周期がナノスケール程度に短いものをすべて含んでおり，エピタクシーは必要条件とはしない．すなわち，基本の単位胞の存在を前提としていないことから超格子という定義は当てはまらないため，人工格子と名づけられた．人工格子の構成要素はアモルファス[*2]であってもよく，二種類のアモルファス層を交互に積

[*1] ある結晶面上に，一定の方位関係を保って結晶が成長した状態．
[*2] 結晶構造を持たず，あたかも液体状態が凍結されたような状態にある固体 (非晶質)．本書と同じ材料学シリーズ「結晶・準結晶・アモルファス」(内田老鶴圃刊)(文献 2) に解説されている．

層して作製し，人工周期が数 nm 単位にまで短くなった場合の多層構造膜は人工格子の一種とみなしている．

　半導体分野での薄膜作製技術の近年の進歩は目覚ましく，その技術を導入して金属薄膜の研究が促進されてきた．しかし，歴史的にみれば金属薄膜の研究は半導体よりむしろ古くから始まっており，多層膜の作製の試みの報告もすでに 1930 年代から存在する．初期には，長波長 X 線用の回折格子としての人工周期構造膜や，拡散速度を評価するための出発物質として多層膜が作製された．通常の結晶の単位格子は 0.1 nm 単位のサイズであり，その結晶構造を同定するためには 0.1 nm 程度の波長の X 線を利用して回折測定が行われる．しかし巨大な分子の結晶などには波長が 1 nm 以上の長波長 X 線が有効であり，そのためには 1 nm 以上の周期の X 線回折素子が望まれる．ところがそのような長周期構造を天然の結晶に求めることは困難であるため，人工的に 1 nm 以上の波長の周期構造多層膜を合成して長波長 X 線用の回折格子を得ようとする試みがなされている．X 線回折で明瞭なコントラストを実現するためには，できるだけ原子番号の異なった元素を組合せて密度差のある周期構造を作製することが望ましく，たとえば W と C にような組合せが試みられてきた．そのような人工周期構造物質，すなわち人工格子が生成できれば，それらは天然には存在しえなかったという意味での新物質であり，構造ばかりではなく，どのような物性を示すのかにも興味が持たれる．しかし，当時は新しい機能を求める新物質探索という姿勢での取り組みはされていなかった．また，真空度などの点から考えて，高い品質の試料を得ることは不可能であった．従来存在しなかった新物質を創製し，その中に新しい機能の発現を期待する金属人工格子の研究が本格化したのは 1980 年ごろからである[3,4]．

1.2　新物質としての人工格子

　人工格子の具体例の紹介に先立って，人工格子が新物質であるという概念と，その研究の意義について触れる．一般に物質についての考察を行う出発点として，周期表(**表 1**)を見直すことから始める．

表1　元素の周期表

1(IA)	2(IIA)	3(IIIA)	4(IVA)	5(VA)	6(VIA)	7(VIIA)	8(VIII)	9(VIII)
1.008 $_1$H 水素								
6.941 $_3$Li リチウム	9.012 $_4$Be ベリリウム							
22.99 $_{11}$Na ナトリウム	24.31 $_{12}$Mg マグネシウム							
39.10 $_{19}$K カリウム	40.08 $_{20}$Ca カルシウム	44.96 $_{21}$Sc スカンジウム	47.88 $_{22}$Ti チタン	50.94 $_{23}$V バナジウム	52.00 $_{24}$Cr クロム	54.94 $_{25}$Mn マンガン	55.85 $_{26}$Fe 鉄	58.93 $_{27}$Co コバルト
85.47 $_{37}$Rb ルビジウム	87.62 $_{38}$Sr ストロンチウム	88.91 $_{39}$Y イットリウム	91.22 $_{40}$Zr ジルコニウム	92.91 $_{41}$Nb ニオブ	95.94 $_{42}$Mo モリブデン	(99) $_{43}$Tc テクネチウム	101.1 $_{44}$Ru ルテニウム	102.9 $_{45}$Rh ロジウム
132.9 $_{55}$Cs セシウム	137.3 $_{56}$Ba バリウム	57〜71 *ランタノイド	178.5 $_{72}$Hf ハフニウム	180.9 $_{73}$Ta タンタル	183.8 $_{74}$W タングステン	186.2 $_{75}$Re レニウム	190.2 $_{76}$Os オスミウム	192.2 $_{77}$Ir イリジウム
(223) $_{87}$Fr フランシウム	(226) $_{88}$Ra ラジウム	89〜103 **アクチノイド	(261) $_{104}$Unq ウンニルクアジウム	(262) $_{105}$Unp ウンニルペンチウム	(263) $_{106}$Unh ウンニルヘキシウム	(262) $_{107}$Uns ウンニルセプチウム	(265) $_{108}$Uno ウンニルオクチウム	(266) $_{109}$Une ウンニルエンニウム

凡例: 族番号→1(IA)←旧族番号、原子量→1.008、原子番号→$_1$H←元素記号、水素←元素名

*ランタノイド

138.9 $_{57}$La ランタン	140.1 $_{58}$Ce セリウム	140.9 $_{59}$Pr プラセオジム	144.2 $_{60}$Nd ネオジム	(145) $_{61}$Pm プロメチウム	150.4 $_{62}$Sm サマリウム

**アクチノイド

(227) $_{89}$Ac アクチニウム	232.0 $_{90}$Th トリウム	231.0 $_{91}$Pa プロトアクチニウム	238.0 $_{92}$U ウラン	(237) $_{93}$Np ネプツニウム	239) $_{94}$Pu プルトニウム

1.2 新物質としての人工格子

(網なしは金属元素, 薄い網かけは半金属元素, 濃い網かけは非金属元素を表す)

			13(IIIB)	14(IVB)	15(VB)	16(VIB)	17(VIIB)	18(0)
								4.003 $_2$He ヘリウム
			10.81 $_5$B ホウ素	12.01 $_6$C 炭素	14.01 $_7$N 窒素	16.00 $_8$O 酸素	19.00 $_9$F フッ素	20.18 $_{10}$Ne ネオン
10(VIII)	11(IB)	12(IIB)	26.98 $_{13}$Al アルミニウム	28.09 $_{14}$Si ケイ素	30.97 $_{15}$P リン	32.07 $_{16}$S 硫黄	35.45 $_{17}$Cl 塩素	39.95 $_{18}$Ar アルゴン
58.69 $_{28}$Ni ニッケル	63.55 $_{29}$Cu 銅	65.39 $_{30}$Zn 亜鉛	69.72 $_{31}$Ga ガリウム	72.61 $_{32}$Ge ゲルマニウム	74.92 $_{33}$As ヒ素	78.96 $_{34}$Se セレン	79.90 $_{35}$Br 臭素	83.80 $_{36}$Kr クリプトン
106.4 $_{46}$Pd パラジウム	107.9 $_{47}$Ag 銀	112.4 $_{48}$Cd カドミウム	114.8 $_{49}$In インジウム	118.7 $_{50}$Sn スズ	121.8 $_{51}$Sb アンチモン	127.6 $_{52}$Te テルル	126.9 $_{53}$I ヨウ素	131.3 $_{54}$Xe キセノン
195.1 $_{78}$Pt 白金	197.0 $_{79}$Au 金	200.6 $_{80}$Hg 水銀	204.4 $_{81}$Tl タリウム	207.2 $_{82}$Pb 鉛	209.0 $_{83}$Bi ビスマス	(210) $_{84}$Po ポロニウム	(210) $_{85}$At アスタチン	(222) $_{86}$Rn ラドン

152.0 $_{63}$Eu ユウロピウム	157.3 $_{64}$Gd ガドリニウム	158.9 $_{65}$Tb テルビウム	162.5 $_{66}$Dy ジスプロシウム	164.9 $_{67}$Ho ホルミウム	167.3 $_{68}$Er エルビウム	168.9 $_{69}$Tm ツリウム	173.0 $_{70}$Yb イッテルビウム	175.0 $_{71}$Lu ルテチウム
(243) $_{95}$Am アメリシウム	(247) $_{96}$Cm キュリウム	(247) $_{97}$Bk バークリウム	(252) $_{98}$Cf カリホルニウム	(252) $_{99}$Es アインスタイニウム	(257) $_{100}$Fm フェルミウム	(258) $_{101}$Md メンデレビウム	(259) $_{102}$No ノーベリウム	(262) $_{103}$Lr ローレンシウム

1 薄膜から人工格子へ

　物質の内容を細かく分割していくと，個々の原子に到達し，それらの原子は周期表に掲げられている元素のどれかに属している．地球上のすべての物質は100 あまりの元素の組合せで構成されている．この中には不安定で，人間が材料構成成分としては利用できない元素もかなりあるので，材料として利用できる元素の種類は 100 をかなり下まわる．すなわち，元素を物質作りのためのカードとみなせば，手持ちの元素カードの数は 100 にも足りないということである．しかし，元素の組合せ方を変えるだけで種々の物質を得ることが可能であり，たとえば有機物を見れば主成分は C と H と O のみであるが，それらの組合せを少し変えることによって膨大な種類の物質が作られている．では，金属元素の場合はどうだろうか？

　周期表の上では金属的元素の数は比較的多い．したがって，それらを任意に組合せることができれば，多様な物質を生成することが期待できそうである．ところが従来の冶金的手法を用いて金属を混ぜようとしても，原子のレベルで均質な混合物を作れない場合が多く，現実に合金が得られる金属の組合せはかなり限定されている．

　二種類の金属，A と B を混合し，ある温度で熱平衡状態に達したときにどのような生成物が得られるかを示したものを二元状態図という．状態図を作る研究は金属学の基礎のひとつとして古くから行われており，いまではほとんどすべての二元系と，かなり多くの種類の三元系についてすでに報告がある[5]．金属と金属を反応させるには両金属の融点に近い温度が必要であり，通常の実験は室温から 1500℃程度の温度範囲を利用するが，そこで熱平衡状態で得られる合金の内容を示したものが状態図である．状態図のプロファイルは元素の組合せによって異なり，多種多様であるが，**図1** に代表的な二元状態図の実例を示す．

　二種類の金属が，どのような組成比でも融け合って合金を作る，いわゆる固溶系の例として Cu-Ni の状態図を図1(a)に示す．性質が似通った元素を組合せた場合に見られる状態図で，Au と Ag，Au と Ni の状態図も類似している．合金の融点は，金属 A の融点から金属 B の融点へ，組成に依存して単調に変化する．固相では均一に混合された状態が安定であるが，結晶内で A 原

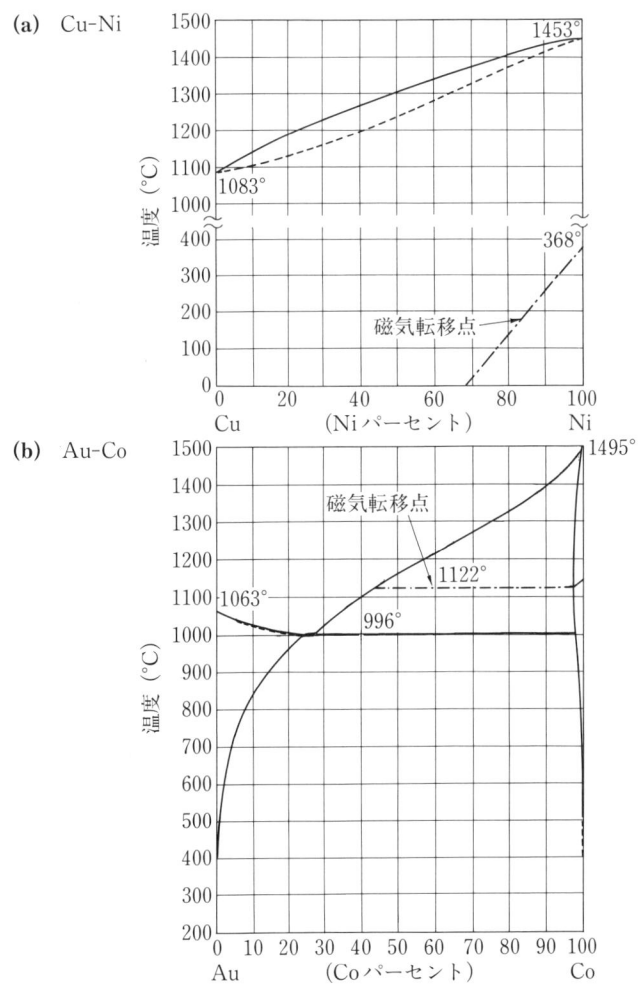

図1 二元状態図の実例

(a) Cu-Ni：全率固溶系の実例．
　　磁気転移点(キュリー温度)は組成に比例して，線形の変化を示す．
(b) Au-Co：共晶系の実例．
　　液相からは，常に100%Coに近い粒子が析出する．したがって磁気転移点は一定値(1122°C)．996°C以下ではふたつの固相に分離．Au-rich相は，高温ではかなりCo濃度が高くなるが，低温ではAu 100%に近づく．

子とB原子がランダムに配置されている場合と，固相内での構造の秩序化が起こる場合があり，たとえば1：1や1：3の組成比の近辺で超格子構造が安定化されることがある．一方，図1(b)は共晶系と呼ばれる状態図の代表例である．液相では均質に混合されるものの，固相では分離する場合を示している．低温では金属Aを主成分とする部分と，金属Bを主成分とする部分が混在する．組成比が1：1や1：2(すなわち組成式ではABやAB_2)などの金属間化合物が存在する場合は，特定の組成比の場所に化合物相が加わった状態図となる．このような共晶系の状態図の場合は，二種類の金属を原子レベルで均一に混合できるのは，ごく限られた組成比の場合のみであることを意味している．金属元素どうしを組合せようとしても，液体状態でも分離した，いわば"水と油"という状態になることも少なくない．FeとAgはどちらもよく知られた金属元素であるが，実はその一例であって，FeとAgが原子レベルで一様に混じりあった合金は存在しない．このように，状態図には熱平衡状態で得られるものが示されているが，二種類の金属を任意の割合で混合しようとしても，原子レベルで均一に混合した物質は得られない場合が多い．

　熱平衡状態で得られる物質が限定されているとすれば，新奇な物質を非平衡状態の中に求めようという試みが始まるのは当然である．熱平衡状態では存在しない物質，すなわち非平衡状態物質の典型例としてよく知られているのはアモルファス(非晶質)である．混じらない物質どうしを強引に一体化しようとするのがアモルファス作製のひとつの手法であり，状態図には存在しない物質を探索しようとする試みのひとつでもある．アモルファスの構造は理想的には無秩序というイメージが当てはめられ，液相での構造を維持した固相と受け取ることができる．アモルファスを人工的に作製するには液相からの急冷や気相からの同時蒸着法などが用いられる．いわゆるガラスはアモルファスの一例であるが，古くから知られているため，通常は新物質という範疇には含められていない．しかし半導体や金属のアモルファスは1960年以降に研究され始めたものであり，新物質の典型例とされてきた[6]．人工格子に比べると，アモルファスの研究は約20年早く立ち上がった．アモルファスの応用面での価値は種々の使途において認められており，高透磁率材料としてトランスの磁心に利用さ

れるなど，いまでは工業的応用に結びついている．原子の配置が完全にランダムな構造が理想のアモルファスのイメージではあるが，現実に得られているアモルファスには，さまざまな短距離秩序が存在することが知られている．ナノスケールの微細結晶の集合体とみなせる場合も多く，最近はナノクリスタルあるいはナノコンポジットマテリアルという名称も普及している．これらの構造は主として熱処理によって制御されているが，人工的にナノスケールでサイズや形状，あるいは原子位置をデザインすることはできない．非平衡状態を人工的に作製する点では人工格子とアモルファスは共通するが，人工格子ではあらかじめデザインしたナノスケールの規則構造を実現しようとする点が異なっており，ミクロな構造制御という点では人工格子はアモルファスよりもさらに一歩進んでいる．

　以下に紹介するように，人工格子の生成は1原子層ずつ超薄膜を積み上げて多層構造を作ろうとするものであり，原子層が逐次急冷されて固体が生成されていく．したがって，熱力学的安定性(すなわち状態図)にとらわれない構造の固体が作製されることになる．一般的にいって，通常の化学反応の内容は，常に熱力学的に「より安定な」方向，すなわち自由エネルギーのより低い方向への移動であり，金属反応も例外ではない．したがって従来の化学反応を利用する物質作製では，熱力学的により安定な状態しか得られない．それに比べると，人工格子が物質作製法として広い可能性を持つものであることがわかる．二元状態図の分類に立ち戻ると，むしろ従来は微視的な混合が不可能であった組合せの人工格子化に新奇な物質を創製する可能性が含まれている．

　なんらかの方法で超薄膜が形成しうる元素であれば，人工格子の成分として利用できる可能性がある．人工格子作製の可能性が考えられる元素の組合せを表示してみたのが**表2**である．表2中の1～5の数字は，図中に説明するように状態図の分類を表している．このように人工格子の作製を検討すべき組合せの数は非常に多いが，系統的な人工格子作製可否の調査はまだそのごく一部でしか行われていない．どのような特性を持つ材料を得ようとするのか，あるいはどのような研究課題に対する試料を求めるのか，目標が見えなければ物質合成は進まないので，これまでに人工格子の作製が試みられた組合せはごく限定

表 2 人工格子作製の可能性を持つ元素の組合せ(本表は,筆者が文献 2 で発表した 25 元素についての類似の表を基にして,山本良一氏のグループ(東大)が拡充改訂したものである)

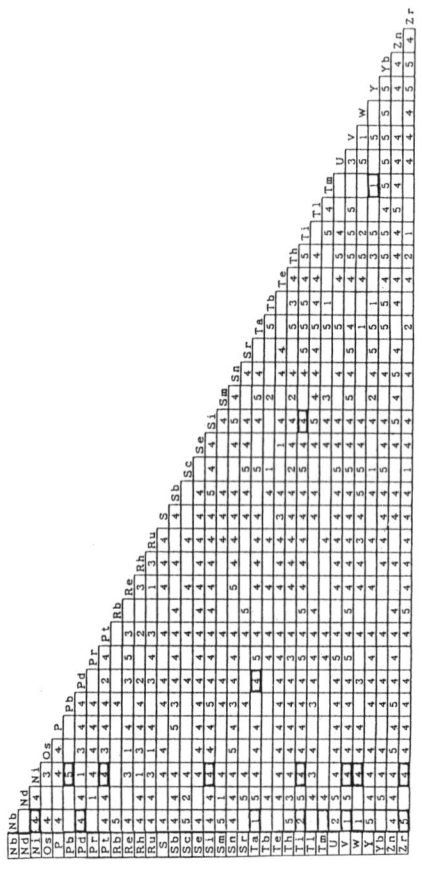

1 ……全率固溶で二相分離しない
2 ……全率固溶だが低温で二相分離する
3 ……低温で固溶限が 1％以上
4 ……合金相・金属間化合物を生成する
5 ……低温で固溶限が 1％以下
□……1995 年までに論文発表されている系

1.2 新物質としての人工格子

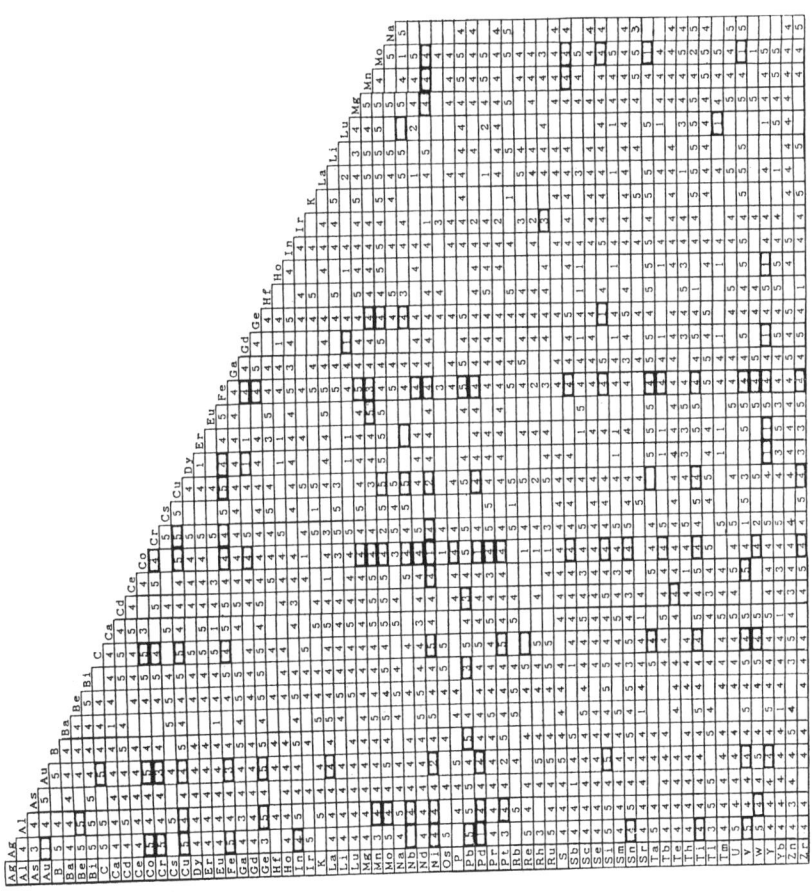

されている．しかし，なんらかの新物質が得られる可能性は非常に広く残されている．三元系まで考慮に入れると，さらに膨大な未開拓領域が存在することが明らかである．

あらかじめ設計した人工格子の構造がどの程度まで実現できるか，理想と現実の比較は第2章で述べることとして，人工格子研究の意義および人工格子に期待される新しい物性を概念的に考察する．

1.3 人工格子研究の意義

人工格子試料を作製する目的は，
(Ⅰ) 基礎研究のためのモデル物質の合成，
(Ⅱ) 新物質探索，さらには新機能材料の開発，
のふたつに大別できる．前者については，なんらかの研究目的に沿ってデザインされた設計図上の構造を，できるだけ理想に近づけて試料を作製しようとするもので，デザインどおりの構造が実現することが必要条件である．一方，後者に関していえば，予想もしなかった構造を出現させることも新しい収穫のひとつである．新奇な構造が新しい物性を発現させる可能性があり，新物質の性質の研究へと進展するであろう．さらに，応用上の価値が見いだされれば機能性材料の開発へと発展する．

人工格子を作製すればどのような新しい研究が可能になるか，を分類して考察し，項目別に解説する．人工格子の新規性あるいは特徴といったものに関連づけて分類すると，以下のような項目が考えられる．ただし，以下の分類はかなり便宜的なものであり，それぞれの内容には重複する部分も含まれている．

(1) 人工周期構造の作製

周期的に組成が変化する構造を人工的に合成することはそれ自体意義があり，天然に存在し得ない1nm以上の波長の周期構造はX線回折格子としての価値があることはすでに紹介した．その要請は今日も変わっていない．X線に対しては密度の差が大きいことが望ましく，周期表では離れた元素を組合せ

て密度差が大きい周期構造を作る条件の探索が続いている．放射光を利用する原子核分光のような場合には原子核による回折が要求され，同位元素を利用した周期構造，たとえば $[{}^{56}\text{Fe}/{}^{57}\text{Fe}]\times n$ が合成されれば ${}^{57}\text{Fe}$ 原子核のエネルギーに対応するガンマ線の回折現象の観測が期待できる．回折格子として利用する場合には周期的構造に関しての完全性の高さが要求され，エピタクシーの存否などの結晶学的品質の高さとは必ずしも一致しない．

（2）以下の項目に該当する人工格子では周期構造そのものを必要条件としてはいない場合が多いが，膜厚の厳密な制御や，界面の平坦性あるいは組成変化の急峻性などはどの場合にも要求される．さらに，各層内の構造をできるだけ詳細に把握することが望ましい．完全性の高い周期性を持つ試料ができれば，回折的手法を利用して構造に関する詳細な情報を得ることができる．その意味で，完全性の高い周期性を持つ試料はモデル物質としての価値が高い．

その事情はバルク物質の構造と物性の研究を行う場合に，モデル物質として単結晶試料が有効であることに類似する．材料としてバルク状の単結晶が要求される場合はむしろ少ないが，基礎研究のためのデータを得る上で単結晶試料についての測定は重要であり，単結晶試料による結果と比較しつつ現実の材料開発が進められることが多い．薄膜研究においても，品質の高い周期構造多層膜試料が得られればその周期性の解析から構造についての有用な知見を得ることが可能になり，2層や3層からなる複合膜など周期性を持たない試料についてもその構造が設計図どおりであることを保証することができる．

周期性を意識的に否定した多層膜を作製する必要性はほとんどないが，周期性の存在しない多層構造，すなわち一次元的な準結晶，の合成を試みた例もある[7]．フィボナッチ数列[*1]にしたがった多層構造を作ると，理論的には成長方向について一次元的に全く周期性がないはずであり，X線回折の結果から設計にかなり近い構造が実現していることが確認されている．しかし多層膜において人工的に制御できるのはあくまで基板に垂直な一方向に関してのみであり，デザイン通りの構造が合成できたとしてもその影響が弾性率や熱伝導性な

[*1]　周期性を全く持たない数列．
　　　フィボナッチ格子，準結晶についての解説は文献2にある．

どの格子力学的性質に反映されることはほとんど期待できない.

(2) 不安定相の安定化

　結晶構造の観点から考えられる人工格子の新規性のひとつは, 熱力学的には不安定な結晶構造の安定化である. 基板の構造と相関を持って膜が成長するとき, 膜成長のごく初期にはエピタクシーの影響でバルクでは不安定な結晶構造が出現することがある. たとえば, Fe は室温常圧では bcc 構造が安定であるが, Cu の表面に成長した数原子層の厚さの Fe 超薄膜は fcc 構造をとる. 状態図では, fcc 構造の Fe は高温で安定な相として存在するが, 室温では Ni などとの合金としてしか存在できない. しかし, Cu 基板とのエピタクシーを利用すれば fcc-Fe が室温でも安定化される. したがって, Fe 層の厚さを 1〜2 nm として Cu との多層構造を作れば fcc-Fe の性質を研究するモデル物質が得られる. 個々の Fe 層は非常に薄くても, たとえば 100 枚の Fe 層が含まれた人工格子試料であれば, 通常の測定手段の適用が可能になり, 物性の解明が容易になる. ただし, 物性の考察においては, 結晶構造だけではなく, 格子の伸縮や二次元性の影響を考慮する必要がある. したがって以下に述べる項目(7)と重複した内容が含まれる(コラム 1).

コラム 1　fcc-Fe

　純金属 Fe は, 常温常圧では bcc(体心立方格子)構造が安定で, 強磁性を示すことが知られている. ただし, 高温では fcc(面心立方格子)構造に変態し, 高圧下では hcp(六方稠密格子)構造が安定である. fcc 構造の Fe は通常磁気モーメントは小さく, 低温で反強磁性秩序を持つ. 一部 Fe を他元素で置換し, 合金化することにより室温で安定な fcc 構造の Fe が得られる. ステンレスはその代表例であり, 防錆性とともに強磁性を持たないという fcc-Fe の特徴を示している. しかし, Ni や Pt などとの fcc 合金は強磁性を示し, bcc の磁性とかなり類似している. fcc-Fe はエピタクシャルに成長した析出微粒子や超薄膜の形状によって安定化されることがあり, Cu 金属内に析出した微粒子や, Cu 層の表面に 1 nm 程度蒸着した膜がその実例である. Fe の磁性研究にはメスバウアー分光法(コラム 4)が有効である[8]. 反強磁性 fcc-Fe は bcc-

1.3 人工格子研究の意義

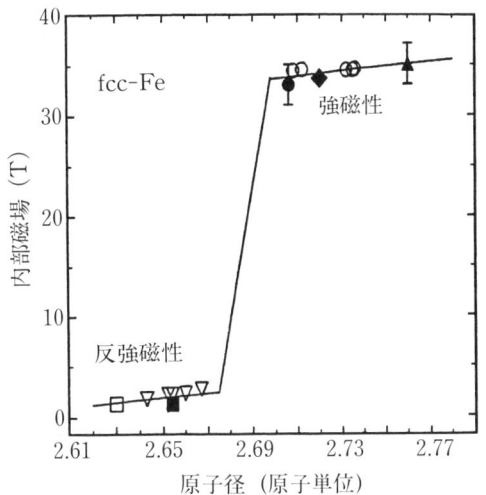

図2 fcc-Feの内部磁場と原子径(内部磁場はメスバウアー分光法による測定値.内部磁場は原子の磁気モーメントにほぼ比例する)[9]

　原子径は原子単位(a.u.)で表されており,1a.u.は5.3×10^{-11} m.Cuの原子径は2.67a.u.である.fcc-Feは原子径が約2.7a.u.より大きいときには磁気モーメントが大きく,キュリー温度も高い強磁性を示し,小さいときにはモーメントが小さく,ネール温度の低い反強磁性体となる.

Feとは全く異なり,メスバウアースペクトルはかなり低温でごく小さな内部磁場(コラム5参照)を示す(**図2**).ただしfcc-Feの中にも磁気モーメントが大きく,強磁性を示す場合がある.この磁性の相違は格子間隔に由来すると考えられており,Fe原子としての体積がある一定値より小さい場合は磁気モーメントは小さく,低温で反強磁性秩序を持ち,原子径がある限界値以上の大きさの場合には磁気モーメントは大きく,強磁性が発生する.強磁性fcc-Fe膜の場合,メスバウアースペクトルの内部磁場から見た磁気モーメント,あるいは転移温度はbcc-Feのものとほとんど差がない.

　fcc-Fe超薄膜は,基板とのエピタクシー効果で格子が変形された結果,安定化したものであり,ある膜厚値を越えるとbccに転移する.Cu表面に生成されるfcc-Fe層は約2nm以下の厚さでしかfcc構造を維持できず,bcc構造に変態する.fcc-Feは,同じ元素でも結晶構造によってその性質が大きく変わることを示す実例として興味深い.

エピタクシーが成立しない元素の組合せによる多層構造を作ると，双方あるいは一方の層の構造がアモルファスとなり，1層の厚さがある値以上になるとバルクとして安定な結晶構造に転移する，という場合がある．後に紹介するFe/Mg人工格子はその一例である．膜厚が非常に小さい場合にのみ存在しうるアモルファス層は，通常の手段では得られない種類のアモルファスであり，そのような構造を含む人工格子は一種の新物質である．

(3) 異種の物性の複合効果

複数の物質を組合せて多層構造を作るとき，それぞれの特性を複合させて新しい材料の可能性を探ることが考えられる．たとえば，磁性体，超伝導体あるいは強誘電体などを組合せてひとつの機能性材料としようとする試みである．この場合には，各層厚は本来の物性を維持する程度の値が必要であり，その意味では各層厚が1 nmよりはかなり大きい値であることが必要である．一方，それぞれの層厚が小さくなると，もともとの磁性や超伝導という個々の層の性質は明らかではなくなり，多層構造全体でひとつの性質を示す，すなわち項目(5)に該当することになる．各層が薄くなると，項目(4)の低次元あるいは界面の効果が相対的に大きくなることを考慮しなければならない．

(4) 低次元効果および界面効果

たとえば磁性体の薄膜を考えるとき，厚さが約1 nmになればその厚さによる影響，すなわち二次元性が磁性にも反映される．単原子層になれば，その電子状態には二次元の効果が現れるはずであり，界面の影響も非常に大きい．このような物性を基礎研究の対象して測定するには，磁性層を1層のみ含む試料では磁性体の量が少なすぎるので，非磁性層と交互に積層した人工格子が役に立つ．また，このような単原子層効果が応用面で価値を持つ場合には磁性層が1層では材料にはならないので人工格子化することが必要である．界面効果も同様であり，磁性層の表面原子のみが他の物質層と接して特別の性質を発揮する場合(たとえば界面効果によって発生する垂直磁気異方性を利用した垂直磁化膜)，多層化することによって材料としての可能性を持つことになる．

1.3 人工格子研究の意義

超伝導体と常伝導体を複合する場合，超伝導特性に二次元の効果が現れる膜厚は磁性体の場合よりかなり大きな値である．したがって，二次元の特徴を示す超伝導人工格子を作製することは，二次元磁性体の場合よりも容易である（3.2章参照）．

(5) バンド構造の変化

金属元素層を含む人工格子内の伝導電子は，周期構造によってどのように影響を受けるか？という観点から述べる．長周期構造が存在すれば，バンド構造に反映されるはずであり，バンドが変形し，エネルギーギャップが生じるなどの影響が考えられる．しかし膜面垂直方向のみの構造変調では全体の電気伝導性を大きく変化させる可能性は少ない．一方，個々の層内の電子状態を考えると，層厚が有限であるために伝導電子は定在波を作り，量子井戸状態が実現する．非磁性金属層を介して両側の磁性層に働く磁気的層間結合は，非磁性金属中の伝導電子の量子井戸と関連しており，層間結合の強さは膜厚に対して振動型の変化を示す(第4章参照)．

二種類の金属が接する界面近傍，あるいは周期性の非常に短い人工格子では，その全体のバンド構造が構成成分の金属の本来のバンド構造とは大きく異なることが考えられ，それに伴って新奇な物性が実現することが期待される．しかし，常伝導金属を二種類複合した場合に超伝導が発生したり，非磁性金属どうしの界面で大きな磁気モーメントが観測されるなどの成果を得るにはいたっていない．

(6) 格子の異常性

一般に，エピタクシャル成長した薄膜の格子には歪みが存在する．格子定数がかなり異なる金属を組合せてエピタクシャル成長した人工格子を作製した場合には，人工格子の弾性的性質が影響を受ける．特定の組成の人工格子ではバルクに比較して著しく強度が高められるという報告がかなり古くから存在し，超弾性効果(supermodulus effect)と呼ばれている[10]．この効果には諸説があり，いぜんとして確認されたものとなっていないのが現状であるが，人工格子

の特性のひとつとして興味深い研究対象である．しかし試料の形状が常に超薄膜であり，バルク形状の試料を作製できないとすると，その特性を応用面に結びつけることは困難である．非エピタクシー人工格子では，逆に弾性率が異常に減少することが観測されているが，応用面で価値を持つ特性かどうかは不明である．

(7) 固体化学研究の出発物質として

人工格子を固体化学反応の出発物質として利用する例として，拡散速度の研究があり，先駆的な報告がある[11]．拡散距離が数原子層というように，通常の観察が困難な短い距離の拡散を調べるための出発物質に利用される．界面を多数含んだ周期性が存在すれば，X線回折などの手法を拡散の研究に応用することができる．

人工格子を新物質を探索するための出発物質として利用することも考えられる．非平衡状態の人工格子から，熱平衡状態にいたる過程に中間状態が存在すれば，他の方法では得られない物質に行き着く可能性がある．固相反応によって，従来得られていない組成のアモルファスを作製する，などが考えられる．共晶型の金属の組合せの人工格子の場合，熱処理を加えると析出過程が進行し，サイズの揃った微粒子が得られる可能性がある．半導体単結晶中では，析出微粒子が三次元的格子状の規則構造を持つ場合があると報告されているが，金属微粒子においては，析出粒子の三次元規則配列を観測した例は報告されていない．人工格子の格子構造がバルクとは変化していることは，化学的性質に反映される可能性があり，たとえば気体の吸蔵能力に差異を与えると予想される．水素などのガス吸蔵能力の研究や，触媒作用に関して今後検討を加える必要がある．

人工格子の作製と構造評価

2.1 人工格子の作製法

　金属元素による人工格子の作製にはいくつかの方法があるが，まず超高真空蒸着法について説明する．真空蒸着装置は真空チェンバー内にいくつかの金属を交互に蒸発させる仕組みを備えたものであり，**図3**には模式的にふたつの電子銃ルツボが描かれているが，通常の装置には数個の蒸発源を内蔵させている場合が多い．

　電子銃はルツボ内に置かれた蒸発源金属を直接加熱する方式であり，ルツボと金属との反応のおそれが少なく，高い純度の薄膜を生成することができ，特に融点の高い金属に適している．ルツボをコイルや高周波によって加熱する方式もよく用いられるが，まずルツボを加熱することから，ルツボと蒸発源金属が反応するおそれがある．また周辺部分が加熱されてしまうため，ガス発生を招くおそれがあり，真空度の劣化につながりやすい．半導体超格子の作製に利用されるMBE法は，原理的には超高真空蒸着法と変わりはないが，MBEでは通常電子銃ではなく，分子線セルを用いて蒸発源の加熱を行う．分子線セルの場合はセルの内部で加熱され，蒸発する分子のビームは小さな穴を通るために分子線ビームが形成される．この方式は指向性のよい安定な分子ビームを取り出すために有効であるが，高融点の元素には適していない．図3の場合も蒸発する金属元素がビームを形成することを想定しており，シャッターの開閉によって蒸着量を制御する．真空度が悪い場合，蒸発金属原子は気体分子と衝突して煙のような状態が形成される．その場合には蒸発金属ビーム中に置かれたシャッターの開閉を行っても回り込む原子があって，シャープな制御を行うことができなくなる．その事情は分子線セルを利用しても同様である．したがって膜厚を精度よく制御するためには高い真空度が必要条件である．

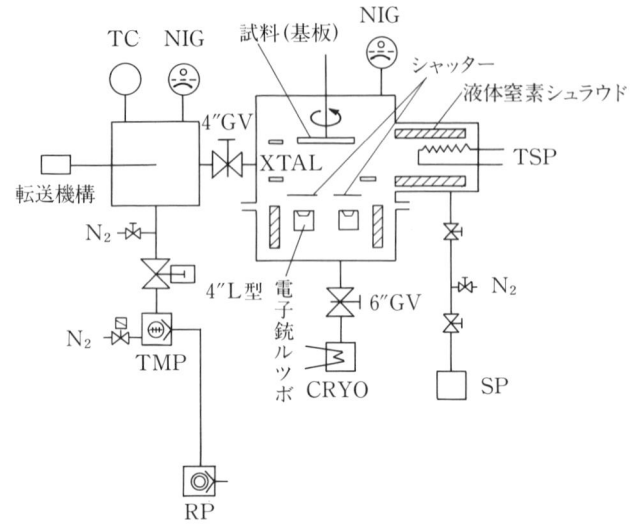

図3 人工格子作製装置(超高真空蒸着法)の概略
TC：熱電対真空計，NIG：ヌードイオンゲージ，GV：ゲートバルブ，TMP：ターボポンプ，RP：回転ポンプ，CRYO：クライオポンプ，SP：ソープションポンプ，TSP：チタンゲッタポンプ，XTAL：水晶発振子膜厚計

　純度の高い薄膜試料を作製するには，可能なかぎり真空度が高いことが望まれるのは当然である．一般に，金属薄膜を作製するとき，膜の成長速度が速ければ真空度が悪くても不純物の混入する割合は少なくなる．人工格子作製に必要な真空度は蒸着速度に依存し，一概に規定することはできない．成長速度を速くして試料を作製すれば，真空度は低くてもよいことになる．しかし，問題は試料の純度ばかりでなく，上述のようにシャッターで蒸着膜厚を制御するためにも高い真空度が要求される．各層厚を制御するにはシャッターを開閉する必要があり，現実のシャッターの速度は有限であるから試料中での膜の構造が均一であり，同じ厚さの層を再現性よく作成するには蒸着速度が遅くて，かつ一定であることが要求される．シャッターを開けてから閉めるまでの時間を1秒というような短時間に設定することは技術的に困難である．1原子層の単位での制御を可能にするためには1原子層の蒸着時間は10秒以上にすべきであ

り，毎分1nm以下の遅い蒸着レートを採用しなければならない．そうすると必然的にかなり高い真空度(10^{-8} Pa以上)を保持することが要求される．真空度が十分によければ，蒸着速度が遅くても純度の劣化の心配は少なくなるが，試料作製にかけられる現実の時間の長さには制限があるので，膜厚の合計量としてかなり薄い試料しか作製できなくなる．

超高真空用ポンプとしては，到達真空度の点で優れているイオンポンプがよく利用されるが，蒸着膜を作製中の雰囲気という観点では到達真空度よりも，10^{-7} Pa領域で排気能力が速いことが望ましく，その点ではクライオポンプが優れている．蒸着を行うには，蒸着源の金属を加熱する必要があり，そのための真空度の低下は避けられないが，加熱の影響が広い範囲にわたらないように工夫することが必要である．まず蒸着前のベーキングに十分な時間をかけ，チャンバー内全体のガス出しを十分に行う一方，蒸着時には水冷あるいは液体窒素による冷却を行い，温度が上昇する部分をできるだけ少なくすることが，蒸着時の雰囲気をできるだけ清浄に保持するために有効である．

金属薄膜作製にはスパッタ法もよく利用される．スパッタ法はアルゴンなどの気体原子イオンを加速して固体表面(ターゲット)に衝突させ，その運動エネルギーを受けて放出される金属原子を膜作製に利用する方法である．この方法は蒸着法に比べると，より大きなエネルギーを与えて金属原子を気化させることになるため高融点の金属にも適用できる[*1]．また合金からなるターゲットを利用した場合，その合金組成を保持したままの膜を得ることが期待できる．金属原子が基板に到達する際のエネルギーが高いことは，結晶性がよく，安定性の高い生成膜が得られる利点があるが，界面での反応や拡散が進行しやすくなることは避けられない．多層構造の作製法として蒸着法と比較すると，作製速度が速く，化学的に安定性の高い膜が得られやすいなどの利点がある．したがって簡便な膜生成法として，工業的には真空蒸着法よりもはるかに広く利用されている．1原子層単位の膜厚制御や，界面の組成変化の急峻性に関しては，真空蒸着法が優れており，基礎研究には真空蒸着，応用開発にはスパッタが採

[*1] 蒸着される原子のエネルギーは約0.1 eV，スパッタでは1〜10 eV程度．

用されることが多い．スパッタ法ではたとえばアルゴンガスなどが用いられ，気体原子が吸蔵される可能性はあるが，現実の生成膜の物性への影響は無視できる程度である．スパッタ法においても基本真空度やガス純度を可能なかぎり高いレベルにして，高品質の膜を作製する努力が行われている[12]．

レーザービームをターゲットに照射して局所的に超高温に加熱し，放出される気体原子を利用して膜を生成する方法はレーザーアブレーションといわれ，比較的新しく開発された手法である．不必要な箇所を加熱しないため，真空の劣化のおそれが少ないのが利点である．酸化物などの薄膜の生成に適しており，極めて高度に制御した多層構造の作製が報告されている[13]．しかし金属の場合は生成レートの安定性に問題があり，金属人工格子作製に利用した例は少ない．

水溶液中の金属イオンを電気的に析出させて金属膜を生成する電着法は，いわゆるメッキとして古くから知られている技術であり，特に工業的な用途には現在も重用されている．二種類の金属イオンを溶解させておき，電位を変動させて選択的電着を繰り返す方法によって金属人工格子を生成する試みが報告されている．ただし組成を理想的な変調，すなわち0%と100%にすることは原理的に不可能である．電着される金属の量は電流量で制御されるが，層厚の絶対値を決定するには生成物の解析が必要である．人工格子作製法としての電着法は，膜厚の制御，あるいは組成変調の品質に関して優れた手法とはいえない．しかし，細い孔の中に多層構造のナノワイヤ試料を作製するなど，電着法でしか生成できない形状の試料が得られる場合があり，今後の活用の発展が期待される[14]．

真空蒸着法による生成膜の厚さは水晶発振子によって測定され，感度の点では単原子層よりもはるかに少ない量を検出できるので，膜厚計に連動してシャッターを開閉すれば，原子層単位で制御した人工格子の作製が原理的には可能である．一方，蒸着レートが安定に制御されている場合には，蒸着を一定時間繰り返すことにより(逐一各層厚を検出しなくても)周期性のよい多層構造が構築される．しかし，蒸着レートが一定に制御できても膜の品質とは無関係であり，層状成長した膜か粒状成長か，あるいは三次元的な結晶成長を起こしてい

コラム 2　膜厚と膜厚計

　金属超薄膜の厚さの測定には，水晶発振子を用いた膜厚計がよく用いられている．発振子の表面の付着物が，固有振動数を変化させ，その変化量から付着物質の重量が検出され，重量を体積に換算して膜厚が求められる．感度は非常に優れており，単原子層の10分の1以下の検出能力があるが，膜厚として信頼できる絶対値を得るにはいろいろの注意が必要である．膜厚計の表面と，試料作製用の基板の表面で蒸着される物質の付着率に差があれば誤差が生じる．輻射熱による温度上昇が大きい場合にも正確な測定は望めない．生成膜の膜厚を求める場合には，生成物の密度がバルクの値と等しいと仮定するので，生成物の密度がバルク値と異なる場合には誤差の原因となる．いずれにしてもやや厚い試料を作製してX線回折やRBS(ラザフォード後方散乱分光[*])などで厚さの検定を行い，膜厚計の補正を行っておく必要がある．表面物理の分野では，超薄膜の厚さを0.35 nmとか1.5 ML(monolayer，単原子層)などと表すことが一般的に行われている．しかし他の分野の人々は原子のサイズは有限であり，原子が物質の構成成分の最小単位であって，個々の原子を分割できるわけがないと認識しているために，この表現に当惑することがある．これらの膜厚の表現はもちろん平均値を意味し，名目的膜厚としては原子サイズとは無関係に，どんな値でも取り得る．厚さ1.5 MLの膜とは，基板全体を完全に単原子層で覆い，さらにその面積の半分を第2原子層が覆うために必要な量を意味しており，膜の形状についてなんら言及しているものではない．同様に，0.1 MLの膜とは全体を単原子層で覆うために必要な量の10分の1という意味でしかない．ある程度面積の大きい単原子層の島が作られて表面の10%を占め，残りの90%には原子が存在しない状態になっているのか，個々の原子が孤立して表面全体に均等に分布しているのか，サイズのかなり大きな三次元的クラスターが形成されているのか，あるいはクラスターと孤立原子が共存するのか，などの事情は膜厚の表現からは何も判別できない，と了解しておく必要がある．そういう意味で，原子のサイズは有限の一定値であるにもかかわらず，名目的にはどんな厚さの膜でも存在しうる．

---

[*] MeV程度のHe^+を入射粒子し，薄膜通過後のエネルギーを分光する測定技術．エネルギー損失量から元素が同定され，かつ透過距離に比例すると仮定すると層厚が求められる．原子の空間分布状態を非破壊的に測定できる．

24   2 人工格子の作製と構造評価

るのか，は生成物を吟味して検討する必要がある．膜がどのように成長するのか，その過程を直接的に観測できる手段に走査型トンネル顕微鏡(scanning tunneling microscopy：STM)がある．試料作製用真空チャンバーにSTMを内蔵し，膜成長時のモニターを随時可能にしている研究グループが多くなって

コラム 3   走査型トンネル顕微鏡(STM)，原子間力顕微鏡(AFM)，磁気力顕微鏡(MFM)

　これらは針(チップ)状のプローブを操作して固体表面を分析する手法で，技術的進歩に伴ってその利用は近年大いに普及した．チップと表面の間のトンネル電流を計測する測定が scanning tunneling microscopy(STM)である．チップは圧電素子による変動機構によって走査され，トンネル電流一定の位置を検知することによって，試料表面の超微細な凹凸が測定される．この凹凸検知法は原子スケールの分解能を持ち，たとえば Si 表面の個々の原子の配列や二次元の超格子構造が明瞭に観察されている．この手法は Binnig と Rohrer が開発したもので，1986 年にノーベル物理学賞が与えられた．これまでの原子スケールの分解能を持つ手法としては電界イオン顕微鏡(FIM)があるが，ごく特殊な対象の観察に限られ，任意の固体の表面に適用できるようなものではなかった．STM は電気伝導性がある限り任意の試料の表面の原子の配列をありのまま観測できる初めての手段であり，表面物理の最近の進歩に大きく貢献している．トンネル電流の替わりに，表面とチップ間に働く原子間引力を利用して表面を計測する手法は原子間力顕微鏡(atomic force microscopy：AFM)と呼ばれている．AFM は電気伝導度にはこだわらずに測定が可能であり，測定対象への制限は少ない．これらの測定は大気中や液体中でも可能であり，応用分野は極めて広い．チップをある場所に固定し，電流の電圧依存性を測定する STS(scanning tunneling spectroscopy)では限定した場所での電子状態密度が調べられ，バンド構造の考察に役立つ．

　チップに強磁性体を用いて磁性体の表面を観察する手法は磁気力顕微鏡(magnetic force microscopy：MFM)と呼ばれ，表面近傍の磁場勾配に対応したパターンが得られる．原子サイズの分解能はないが，磁区構造の観察に適している．サブミクロン径の円盤状磁性ドット内では渦巻き状の磁気構造(ボルテックス)が存在し，その中心には垂直方向の磁化が向いたスポットが存在することを MFM が初めて明らかにした(図 53)．

2.1 人工格子の作製法

いる(コラム3)．

しかし，人工格子試料を作製する過程で逐一STM観察を行うことは現実的ではなく，予備実験として生成物の表面に対応する状態をSTMで吟味しておくことが望ましい．原子レベルでフラットな表面ができているかどうかを確認するには反射電子回折(reflective high energy electron diffraction: RHEED)が有効である．層状成長する膜のRHEEDピークを逐次観測してみると，ちょうど単原子層が完成した時点にもっとも結晶性が高くなってピーク強度が最大になり，1原子層量ごとの周期で強度が振動することが知られている．RHEEDピークの強度の振動が観測できれば蒸着膜の原子層数をかぞえ，所定のピークの極大値の時点で膜成長を終了させれば，かなり高度な構造制御を与えた人工格子が得られることは2.3節で述べる．このような手法を取り入れて二種類の金属を，たとえば4原子層ずつ交互に成長させる試みが行われている[15]．

超薄膜の生成の初期過程は，表面界面という研究分野で活発に研究されており，特にSTMの普及によって膜成長の初期過程における微細な構造の検証が可能になった．金属表面の吸着現象や異種の金属原子の表面での挙動などの知識が集約されており，人工格子作製においてそれらが参考になる．ただし表面研究の対象として通常取り扱われているのは，かなり安定な結晶表面を基板とし，その表面で，ある程度のエネルギーを持つ原子がどのように振る舞うか，すなわち蒸着原子に関して熱平衡にかなり近い状態を観察している場合が多い．金属表面の研究では，融点の高い金属結晶の表面に，やや融点の低い金属が微量存在し，二次元的には十分移動できるエネルギーを持つときの挙動が課題であり，膜成長のメカニズムが議論されている．しかし人工格子の生成にあたっては，融点の高い金属の表面に融点の低い金属原子がくる場合とともに，逆に融点の低い金属膜表面に融点の高い金属の膜生成が行われる．前者の場合に，融点の低い金属が二次元性のよい膜を形成し，原子レベルでフラットな表面が形成されているとしても，その表面に融点の高い金属層を付着させたときにはかなり状況が異なる．融点の低い金属は，室温付近で成長させる場合が多く，熱平衡状態からはかなり遠いと考えておく必要がある．生成した人工格子

が実際には，どのような構造を持つのかはそのつど確認せざるをえない．コンピュータシミュレーション技術が発達し，分子動力学法という手法を用いて膜の成長過程を考察することが可能になっているが，多くの近似を含む計算結果と現実の膜成長には隔たりがあり，実際に出来上がるものを計算で予想できる状態には到達していない．しかし，シミュレーションで結果の再現に努めることから成長過程の洞察が可能になり，構造の理解が深まることは当然であり，コンピュータの貢献が次第に大きくなることが予想される．

人工格子生成時には各膜厚をできるだけ正確に，かつ再現性よく制御することを目指しているが，生成後の構造を吟味し，人工周期性の存在を確認することが重要である．人工格子の構造を評価するには通常 X 線回折法が利用される．通常の結晶の構造解析を精度よく行うには単結晶試料の利用が有効であるように，品質の高い人工的周期構造が形成された試料であれば，その構造を定量的に評価し，2.3節で述べるように格子歪みの検討などが可能になる．一方，周期性を持たない多層構造の評価には回折法は有効ではない．小角入射 X 線による全反射測定は，界面の平滑度などの評価に利用される．

薄片状の試料が作製できれば，透過電子顕微鏡(TEM)観察が可能になり，人工周期性の存在を視覚的に確認することができる．2.3節に実例を示すように各層の格子像が観察できれば結晶性の高さが保証されたことになり，結晶完成度および配向性を調べる上で大変有用である(図8および13参照)．TEM 観察で明瞭な周期構造が確認できることは品質の高さの証明であり，直接に目で見て評価する方法として貴重である．しかし TEM の結果から界面の品質を定量的に表現することは困難である．

2.2 人工格子の構造の分類

二種類の金属を交互に積層して，人工周期性を持つ多層膜を作製する試みは古くから存在したが，新物質として，あるいは新機能材料開発を目指して人工格子に本格的な取り組みが始められたのは 1980 年ごろからである．これまでに行われた結果を総括的にいえば，波長が 5 nm 程度以上の長さの人工周期性

2.2 人工格子の構造の分類

を生成することは，かなり多くの元素の組合せについて可能であることが確認されている[3,4]．ただし，その内部構造はこれから説明するように多種多様である．人工周期の波長をどこまで短くできるかは元素の組合せに依存し，1 nm 程度にまで組成変調を短くできる元素の組合せはかなり限定されている．人工周期のもっとも短い極限は1原子層ずつの繰り返し，すなわち単原子層超構造であるが，ごく限られた組合せにおいて可能性が認められている．実験結果は 2.3 節以降で紹介するとして，まず人工格子構造の内容を概念的に分類する．

図 4 は人工格子の構造を大別したもので，本来の三次元の構造を二次元の図で簡略化しているが，概念をつかむことはできる．丸印は原子を意味しているが，その位置は実際の原子配列，たとえば最密充填構造，に対応したものではなく，あくまで便宜的な略図である．まず(a)の場合は，結晶構造が等しく格子間隔には差がないという組合せであり，エピタクシャル人工格子が形成されていることを示す．Fe/Cr や Cu/Au という組合せはこの分類に属する実例である．(b)は原子半径に大きな差があるが，A の結晶中に B が侵入した形

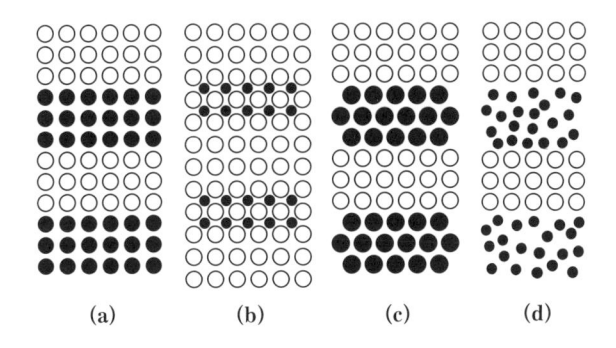

図 4 人工格子の構造の概念的分類(白丸，黒丸はそれぞれ金属 A，B 原子を示す)
(a) A，B は同じ結晶構造を持ち，エピタクシャルに積層した場合．
(b) A，B は化合物相を作り，A 原子層と AB 化合物層が周期構造を作る．
(c) A，B の結晶構造は異なっており，それぞれ独立に一定の配向性を持つ．
(d) A は結晶，B はアモルファス構造を持って積層．両者ともアモルファスも可能．

の金属間化合物が存在するために，A 元素によって全体の骨格が作られたエピタクシーが成立する場合であり，Mn/Sb や Cr/Sb はその実例である．半導体超構造の代表的な例は GaAs/AlAs であるが，この場合は As が結晶の骨格を形成し，Ga が侵入した層と Al が侵入した層が交互に存在したものとみなせる．高温超伝導体研究の展開の中で，酸化物による人工格子の作製が行われているが，酸化物では O が最密充填構造の骨格を形成し，金属イオンは O が形成する八面体や四面体の中心位置に侵入する．このように骨格が一種類の原子によって形成されている場合には，異種元素を接合する場合よりも全体に良好なエピタクシー関係を作製しやすい．原子半径の異なる 2 種類の金属 A，B をつなぎ合わせてエピタクシーを成立させようとする場合は，かりに A の表面に B がエピタクシャル成長しても，その逆の B の上の A では不可能であることが多く，エピタクシャル多層周期構造を作ることはごく限定された場合に可能である．

　金属原子を堆積させてみると自然に薄膜形状が形成され，もっとも密度の高い結晶面，たとえば fcc 構造であれば(111)面が表面に現れるような配向膜が得られることが多い(成長方向にのみ一定の結晶性の配向があって，面内はランダムであるような薄膜をテクステュア膜と呼ぶ)．人工格子の構成成分が，それぞれ別の結晶構造を保ちながらも，組成変調が規則的に作製されている場合が(c)である．一般的には，良好なエピタクシー関係を成立させることは困難であるが，結晶面間に相関が保たれる場合，たとえば bcc 構造の Fe 層と fcc 構造の Au 層は，むしろ非常に品質のよいエピタクシーが成立する．(c)の分類に属し，全体としての結晶性が悪い場合には，界面の原子の配置を微視的に議論することは困難である．

　構成成分の一方，あるいは両方がアモルファスであっても，周期構造の作成は可能である．すなわち，人工格子の構成成分にはアモルファスも含むことができる．長波長 X 線光学用素子としては数 nm の周期構造を合成する必要があるが，これまでの結果では，アモルファス成分を積層した人工格子(たとえば Pt/C)がエピタクシャル人工格子よりも品質の高い周期構造を実現しており，すでに実用化されている．アモルファスを微細粒子の集合体というイメー

ジでとらえると，原子レベルでフラットな表面が形成できそうには思えないが，アモルファスの構造が液体に近いものと考え，非常に薄い液体の構造が凍結されたものととらえると，二次元性の良い膜の存在は納得できる．金属人工格子の作製にあたっては界面での反応，あるいは拡散をできるだけ阻止しようとするため，膜生成をなるべく低い温度で行う場合が多い．そのため，結果的にアモルファス膜が得られる場合が多くなり，特に膜厚が小さいときにアモルファスが生成されやすい．

　以上のような構造を総合したとき，超格子という言葉ではその一部しかカバーしないので人工格子という名前が適当である．図4(a)の場合は単位胞が定義できるので超格子の一種ではあるが，組成変調の波長が数原子層という領域では，単位胞の構造も本来のものからかなり変形しているので，超格子より人工格子という表現がふさわしい．

　図4の模式図では理想的にフラットな界面が仮定されており，組成の乱れは無視されているが，実際に生成される人工格子では種々の意味の乱れが存在する．単結晶状で，かつ原子レベルでフラットな表面が生成される場合でも，最表面の原子層が完結するタイミングで終了できなければ，少なくともステップが存在するはずであり，現実にはさらなるラフネスが存在する．ラフネスにはマクロなスケールのものから原子サイズまでいろいろな種類が考えられる．原子サイズのラフネスは，界面原子層内での拡散と同じ内容を意味する．場合によっては，さらに酸化や不純物の影響も考慮しなければならない．現実の構造がどれだけ理想からずれているかは元素の組合せに依存するが，さらに試料作製における真空度，成長速度や温度などが重要な因子であり，個々の実験で異なる．

　理想的な単結晶状エピタクシャル人工格子に要求される条件は，
　（1）　界面で化学的組成に乱れがなく，拡散や凹凸がない．
　（2）　各層の厚さが厳密に一定で，人工周期の波長に乱れがない．
　（3）　各層の結晶性がよく，配向性は完全で，全体が単結晶状である．
　（4）　不純物の混入や，気体による汚染がない，などである．
非エピタクシャル人工格子では(3)の条件は除かれる．

2.3 エピタクシャル人工格子

　現実に得られている人工格子がどのような構造を持つかを,実例に基づいて説明する.エピタクシーを成立させ,結晶性の点でできるだけ品質が高い人工格子を作製しようとする場合を想定する.結晶方位に配向性を持たせた人工格子の作製を目指すには,まず基板の選定が重要になるが,しばしば利用されるのは商品として手に入れやすいGaAsやSiのような半導体単結晶,あるいはMgOのようなイオン結晶基板である.しかし,たとえ良質の単結晶基板を手に入れても,原子レベルでフラットで清浄な表面を得ることは困難であり,超高真空中で特殊な操作が要求される.便法としてよく用いられているのは,あらかじめ基板表面にバッファー層を作製する手法である.バッファー層とは人工格子試料の合成に備えてあらかじめ基板上に作製する膜で,結晶性がよく,平坦性にも優れている必要がある.その表面への人工格子のエピタクシャル成長が可能であることを条件としてバッファー層の物質を選ぶ.

　米国のベル研究所グループは,サファイア基板上にまずNbによるバッファー層を生成し,その上に希土類元素からなるエピタクシャル人工格子を成長させることに成功している[16].希土類どうしのように同型の構造を持つ元素を組合せればエピタクシャル人工格子が得られることはイメージしやすく,図4(a)に対応する.3d金属どうし,あるいは貴金属どうしの場合も同様である.これらの場合は界面での拡散がどれだけ抑制できるかが重要な課題である.3d金属どうしの組合せとしてはNi/Cuがもっとも早くから研究が行われたが,かなり相互拡散が進んでいるという結果が得られ,図4(a)のイメージのように組成変調が100%,0%と角型に変化する周期構造を合成することは困難であると発表された[17].拡散が進行した構造を表現するために,このような多層膜は組成変調膜(compositionally modulated film)と呼ばれた.この実験では結晶性を高めるために基板温度をかなり高くしており,その結果,界面での拡散が促進された.その後,いろいろの試みがなされた結果,界面での拡散は元素の組合せ,作製温度,さらに生成速度に依存することがわかってき

た．希土類人工格子の拡散は，かなり抑制されている．その後，3d金属どうしでもシャープな界面組成変化を持つ試料が合成されるようになり，磁性の研究などに成果がもたらされた．

構造と物性の両面で興味が持たれる組合せは3d金属と貴金属であり，磁性層と非磁性層からなる人工格子として，その物性に興味が持たれる．たとえば，FeやCoとAuの組合せは品質の高いエピタクシャル人工格子を作る可能性があることが知られている．GaAs(001)単結晶を基板として利用し，まずAuによってバッファー層を作製する．基板温度を300°C程度に昇温し，30 nm程度の厚さまでAu層を蒸着すると，原子レベルでフラットな表面が得られる．表面の配向性と平滑性は反射電子回折[*1](reflective high energy electron diffraction: RHEED)を用いて確認する．バッファー層は真空チャンバー内で新しく作製したものであり，同じチャンバー内で引き続き人工格子の作製を行うかぎり，化学的にも清浄な表面として利用することができる．バッファー層を作製するための物質は次に付着させる物質との整合性を第一条件として選択されるが，人工格子試料がどのような測定を目標としているのかを考慮して物質を選択しなければならない．電気抵抗が研究対象であれば，Auのように伝導性のよい物質は不適当であり，磁性が研究対象の場合は非磁性金属を利用することが必要である．いずれにしても物性測定試料としては，バッファー層はできるだけ薄いことが望ましい．上に述べたNbやAuのほか，CrやTaがバッファー層物質として実際によく利用されている．品質のよいバッファー層を作製するには基板温度を上げることが有効であるが，次のステップである人工格子の生成は，界面での拡散や反応を最小限に抑えるためにできるだけ低い温度，なるべく室温で行う．AuとFeやCoによる人工格子の場合，本来の格子定数はかなり異なっているが，fcc-Au(100)面の上にbcc-Fe(またはCo)の(100)面を45度回転させるとほとんどミスフィットなく接合できるために良好なエピタクシーが成立する．

[*1] 表面に微小角度で入射した電子線による回折．最表面数原子層の情報が得られる．原子レベルで平坦な単結晶表面はストリーク(streak，縞状)パターンを示し，その間隔から表面の格子定数が求まる．

32　2　人工格子の作製と構造評価

人工格子作製中の評価手段としては RHEED が有効であり，エピタクシャルに人工格子の成長が進行しているかどうかのチェックに利用される．膜の成長中の RHEED の強度を測定すると，1原子層の成長ごとに振動することが 1981 年に GaAs の MBE 成長時に観測され[18]，その後，金属膜の成長に関しても一般的に観測できる現象であることが知られるようになった[19]．この現象は電子線の反射も光と同様，表面層の乱れに依存するという単純なモデルで理解できる．図5(b)のように，エピタクシャル成長において，1原子層の成長が完結した状態では表面の原子の乱れは最小であり，0.5原子層が存在する場合には乱れ方は最大になる．半導体，金属，あるいは酸化物薄膜を問わず，エピタクシャル膜を成長させる過程での RHEED 強度の振動現象が観測されており，層状成長(layer-by-layer growth)の信頼できる証拠として利用されている．同じ図中(a)に説明したように，さらに結晶完成度が理想的に高い場合

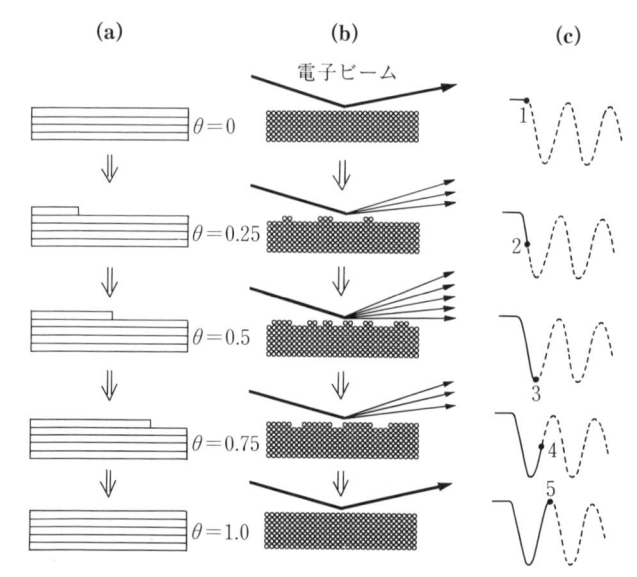

図5　エピタクシャル成長膜の構造と，RHEED 強度振動の関係
　(a) 完全な層状成長（θ：最表面原子層の占有率）．
　(b) 通常のエピタクシャル成長における表面構造．
　(c) (b) に対応する RHEED 信号強度．

の結晶成長を考えると，ひとつのステップの移動として結晶が成長することになるので，表面原子層の乱れの度合いは常に同じになり，RHEED 強度の振動現象は観測されなくなるはずである．しかし現実には半導体，金属，酸化物を問わず，かなりエピタクシーが良好な膜において，明瞭な RHEED 強度振動が観測され，有用な情報を与えている．

　RHEED 強度振動を利用すると，人工格子の構造をより高度に制御することができる．膜厚測定だけでは，最表面原子層の成長が完結する時期を知ることはできないが，RHEED と組合せると原子層の終了に合わせて成長を制御することができる．Suzuki らは RHEED 強度の振動を利用して Fe と Au を 4 原子ずつの成長を行わせており，図 6 は，Fe 4 原子層と Au 4 原子層の積層を 52 回繰り返しても RHEED 強度の振動が確認できることを示している[15]．

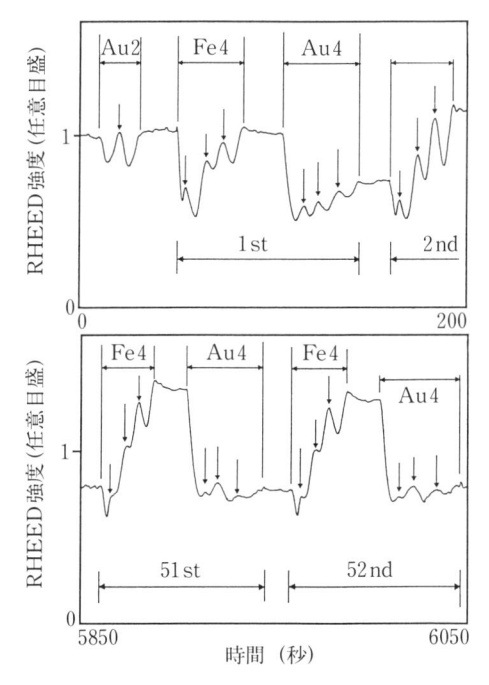

図 6　Fe/Au 人工格子作製中の RHEED 強度の振動(52 回膜作製を繰り返した後も原子層ごとの強度振動が観測されている)[15]

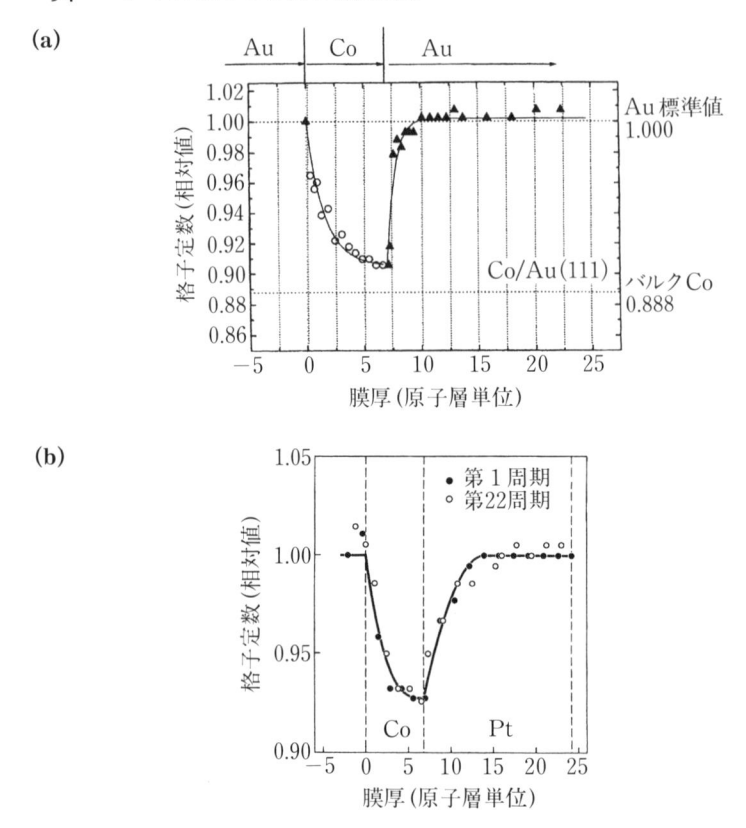

34   2 人工格子の作製と構造評価

図7 RHEED による表面の格子定数の測定[20]
(a) Au 層上に Co 層,Au 層を引き続き積層した場合の表面格子定数.
(b) Co/Pt 人工格子作製中の表面格子定数の変化.
第1周期と第22周期における変化はほとんど等しい.

RHEED の二次元回折ストリークの観測から最表面原子層の平坦性が確認され,さらに表面の格子定数を調べることができる.エピタクシャル膜は基板の格子定数に影響されて伸縮させられ,成長初期は基板の格子定数にしたがうが,原子層数が増加するにしたがって本来の格子定数に戻っていく.RHEED は最表面原子層のみを観測し,膜厚の増加にしたがって表面が変化する様子が調べられる.**図7**は Kingetsu らによる Co/Au 人工格子の成長中の表面格子

定数の変化の測定結果であり，同図(b)はCo/Pt人工格子の成長時に同じ格子伸縮が繰り返されている様子が観察されている[20]．この結果からエピタクシャル人工格子が局所的な歪みを包含つつ成長していく様子が見てとれる．ただし，RHEEDが提供する情報は真空表面の状態に対応し，次の原子層に覆われて界面の状態になったときに，真空表面であった状態から変化が起きていないという保証はない．最表面に存在した格子の歪みが，人工格子内部では全体にかなり分散されたものになることが想像できる．いずれにしても人工格子作製後の構造の評価が重要である．

作製されたエピタクシャル人工格子の構造を，電子顕微鏡によって調べた例を**図8**に紹介する．人工格子を膜垂直方向に切断し，厚さ10 nm領域の薄片状の試料が作製できれば，透過した電子線によって断面の構造が視覚的に観察できる．格子像が観測されれば結晶の方位関係が決定できる．

人工格子試料中に確立された周期性を分析する手段としてはX線回折が用いられる．X線回折プロファイルには試料内の密度変調の波長に対応したピークが現れる．通常の結晶では格子定数が回折ピークの角度を決めているが，長周期構造が共存する場合には基本的反射ピークに加えてサテライトピークが観測される．人工長周期の波長が$\varLambda$のとき，m次のサテライトピークの角度θ_mと主ピークの角度θ_0との関係は

$$\varLambda = m\lambda/2(\sin\theta_m - \sin\theta_0) \tag{1}$$

で表される．なおλはX線の波長である．**図9**はCo/Au人工格子の周期性をX線回折によって観察したものであり，サテライトピークが高次まで明瞭に観測されていることは，周期性が正確に，かつ結晶性よく作製されていることを証明している[23]．

ステップモデルを用いてこのプロファイルを再現してみると，人工格子中の格子の歪みについての知見が得られる．ステップモデルとは，X線回折強度の解析から構造評価を行うときにしばしば用いられる近似で，二種類の金属層内の原子面数はそれぞれ一定とし，成長方向の面間隔も各層内では一定値を仮定，界面でのみ両者の面間隔の平均値を用いて実験値の再現を試みる方法である．界面は結晶学的に完全な構造を仮定しており，界面のラフネスや拡散など

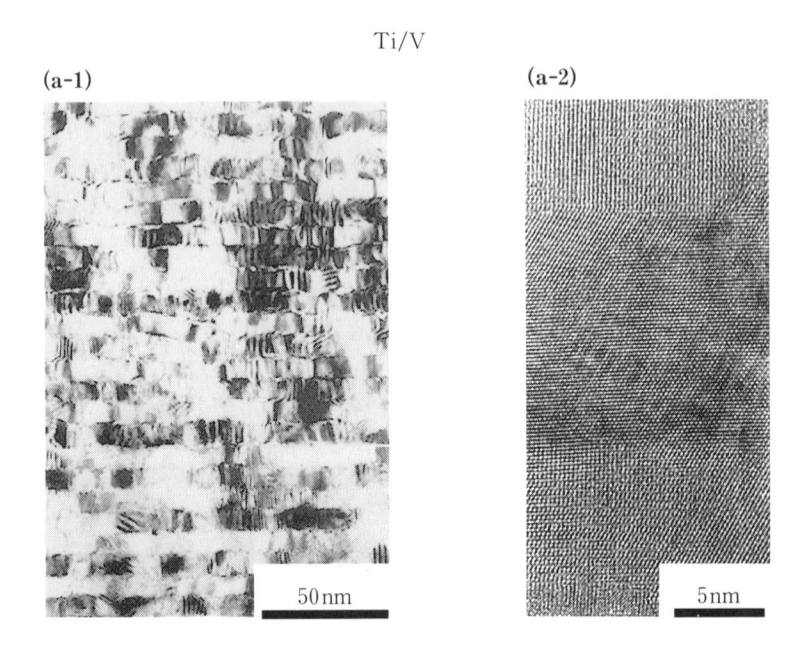

図8 透過電子顕微鏡によるエピタクシャル金属人工格子の断面観察
(a-1) Ti/V 人工格子．
(a-2) Ti/V 界面の拡大図 (a-1 と 2 は市野瀬英喜氏提供)．
(b) Au/Ni 人工格子[21]．
(c-1) CrSb 人工格子 (基板温度 90°C)[22]．
　　界面に CrSb 化合物層ができ，Sb 層とエピタクシー積層．
(c-2) CrSb 人工格子 (基板温度 −50°C)．
　　各 Sb 層の格子像が観測され，それぞれ単結晶状に成長しているが配向方向は無関連．Cr 層の厚さは 0.2 nm にもかかわらず，Sb 層間の格子の相関は完全に失われている．

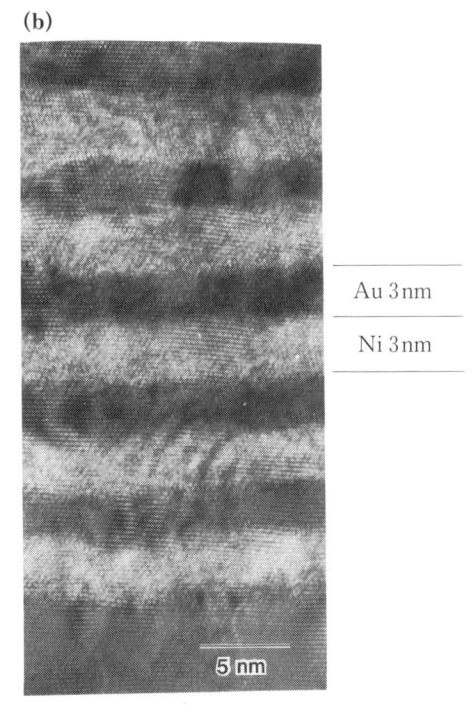

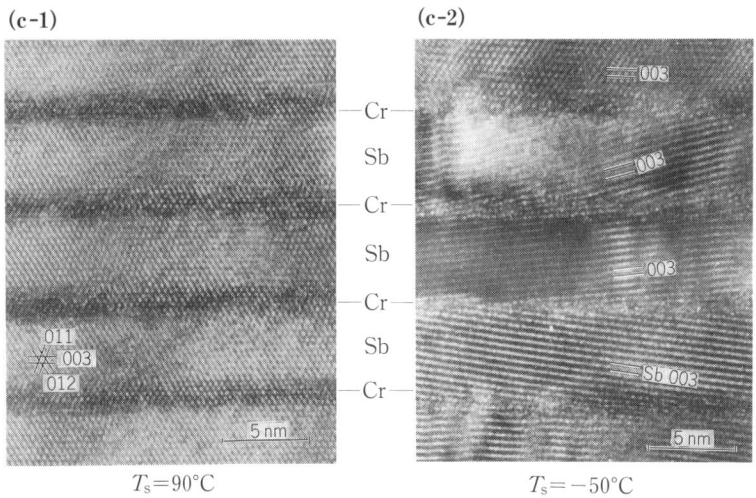

2.3 エピタクシャル人工格子 37

(b)

Au 3 nm
Ni 3 nm

5 nm

(c-1)

Cr
Sb
Cr
Sb
Cr
Sb
Cr

011
003
012

5 nm

$T_s = 90°C$

(c-2)

003
003
003
Sb 003

5 nm

$T_s = -50°C$

[Cr 0.2 nm/Sb 5 nm]

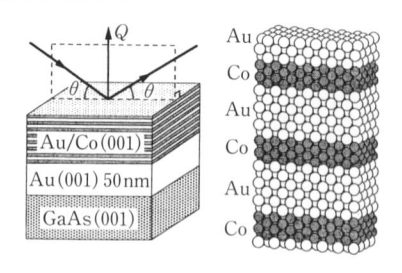

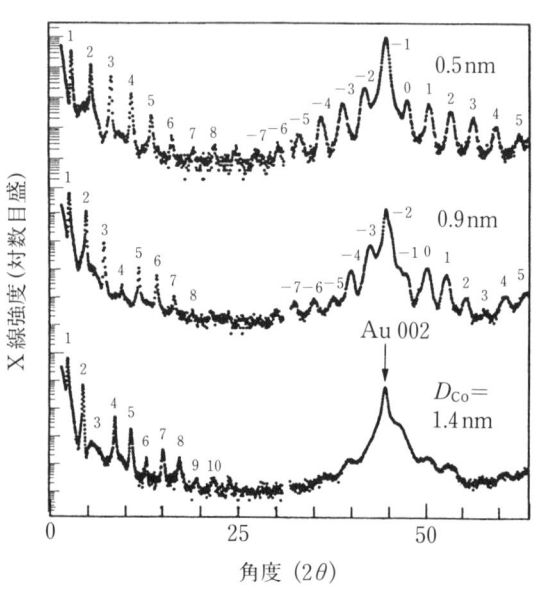

図9 Co/Au 人工格子の X 線回折パターン(図中の数字は回折次数)[23]
[Au 2.8 nm/Co t nm]×20, t=0.5, 0.9, および 1.4

による面間隔のゆらぎは無視されている．このモデルによってシミュレーションした結果を**図10**に示す．

なお，ここでは各層の厚さには1原子層のばらつきがあると仮定しており，たとえば0.9 nmのCo層とは6原子層と7原子層の厚さの層の集合体とみなした結果である．このような近似を用いて，実際の人工格子内の原子間隔をある程度推定できる．**図11**はAu，Fe，Co各層内の(002)平均面間隔の膜厚依

2.3 エピタクシャル人工格子　39

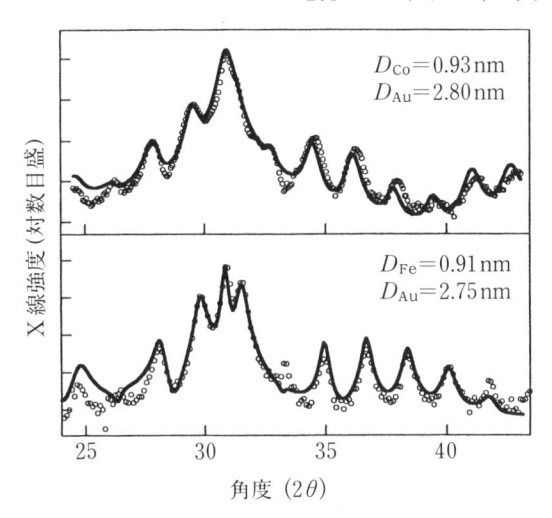

図10 [Au 2.8 nm/Co 0.9 nm]×20 と [Au 2.8 nm/Fe 0.9 nm]×20 の X 線回折パターンとシミュレーションとの比較[23]

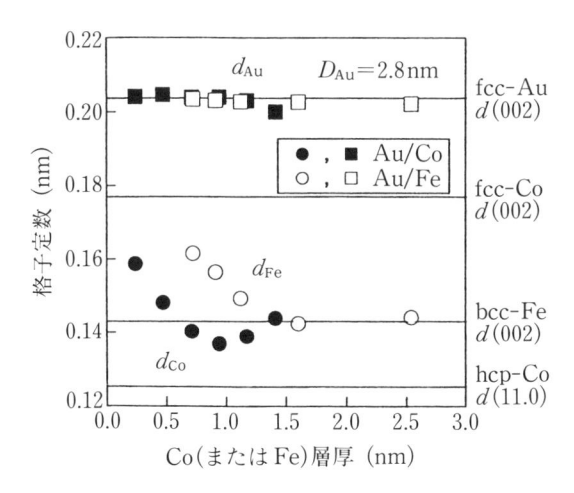

図11 Au/Co および Au/Fe 人工格子における格子定数の層厚依存性[23]
[Au 2.8 nm/Co t nm]×20 および [Au 2.8 nm/Fe t nm]×20

存性をまとめたものである．Au/Fe(001)人工格子の場合にはFe層の厚さが1.5 nm以下の試料で(002)面間隔がバルクの標準値よりもかなり大きくなっており，Fe層の構造がbccとfccの中間状態のbct構造($c/a=1.1$)となっていることに対応する．

Au/Co人工格子中のCo(002)面間隔が，バルクのbcc-Feの面間隔に近いことから，準安定のbcc-Coが生成されたことが示唆されている．Au/Coの場合，Co層の厚さが1.5 nm以上になると良質の人工格子が生成できなくなり，bcc構造の安定化とエピタクシャル人工格子の生成とが対応しているものと考えられる．Prinz[24]によればGaAs(110)基板上に生成したCo超薄膜はbcc構造をとっており，その格子定数は0.2825 nmと報告している．この値はバルク値より小さく，上記の結果と一致している．構造の観点からの人工格子の究極的目標のひとつは，単原子層を交互に積層した単原子層人工周期性の実現である．A，B二種類の金属を積層する場合，一方の成分を単原子層にまで薄くしたという報告は比較的早くから行われていたが，単原子層どうしを繰り返す周期性を備えた人工格子の可能性が見え始めたのは最近である．これまで試みられている組合せはFe/Au，Co/RuあるいはFe/Cuなどである[25~27]．Fe/Auでは1:1の規則合金層は状態図にも存在しているが，単原子層人工格子は一方向に配向している新しいタイプの規則構造を作製することに対応する．後の二例は状態図では全く存在しない化合物を作製する試みであり，新物質の探索という面で興味深い．これらの磁気的性質については後の章(3.1節)でふれる．

2.4 非エピタクシャル人工格子

金属合金，あるいは金属間化合物をアモルファス化しようとする研究は70年代に盛んに行われ，スパッタ法を利用すると，種々の組成比からなるアモルファス薄膜が容易に作製できることが知られるようになった．その発展として，異種のアモルファス層を組合せた多層構造膜の作製が試みられた．磁気的性質に焦点をあてて，希土類と3d金属からなる人工格子を作製しようとする

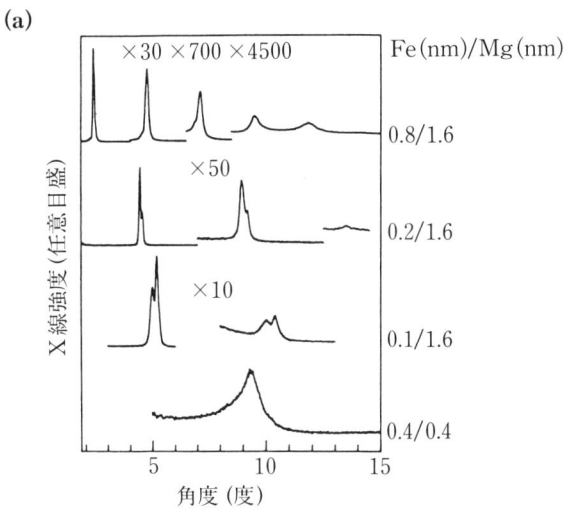

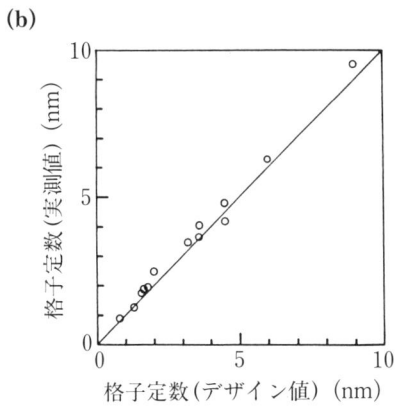

研究は多くのグループが行い，アモルファス層によって極めて良好な周期構造が得られることが示された．たとえば Gd と Co を積層するとき，少なくとも名目的には Co 層を 0.2 nm，すなわち単原子層にすることが可能であると報告されている[28]．

図 12 Fe/Mg 人工格子の X 線回折[29]
（a）Fe/Mg 人工格子の X 線回折プロファイル（小角度領域）．
（b）Fe/Mg 人工格子における格子定数の実測値とデザイン値の比較．

状態図では全く合金や化合物が存在せず，液相でも分離する組合せである Fe と Mg の場合も人工格子の作製が可能である．Fe と Mg は原子半径が 20%以上異なり，本来の結晶構造は Fe が bcc，Mg が hcp で，液相でもほとんど溶け合わない．このような組合せでも交互に蒸着を繰り返すとかなりきれいな周期構造が合成できる．**図 12** は小角度領域の X 線回折プロファイルを示す．人工周期性に対応した回折ピークが高次まで明瞭に現れている．

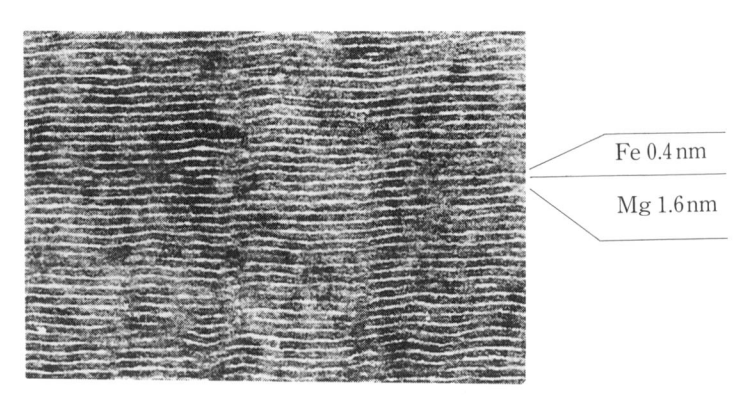

図 13 Fe/Mg 人工格子の断面の透過電子顕微鏡観察[29]
〔Fe 0.4 nm/Mg 1.6 nm〕×100

ただし，中角度にはエピタクシャル人工格子が示すような回折ピークは現れず，それぞれの層はアモルファス構造をとっていることがわかる．**図 13** は Fe/Mg 人工格子試料の断面の透過電子顕微鏡観察の一例であり，周期構造が形成されていることを示している[29]．人工周期の波長が 2 nm，Fe 層の厚さはわずか 2 原子層であり，しかも全体としてアモルファスであるにもかかわらず，試料全体に極めて均質な周期構造が成立していることが証明されている．Fe と Mg は熱平衡状態では分離してしまう組合せであることを考えれば，このような人工格子をひとつの新物質の典型例ということができる．

コラム 4　メスバウアー分光法

　ガンマ線の共鳴吸収現象は R. L. Mössbauer が 1957 年に初めて観測に成功したために，メスバウアー効果と呼ばれている．メスバウアー効果を物性研究のための手段として利用する手法がメスバウアー分光法であり，1960 年ごろに始められた．ガンマ線のエネルギーがシャープであることから，電子系が原子核のエネルギーレベルにおよぼす微細な影響(超微細相互作用)の検知が可能である．したがって原子核を電子状態を調べるためのプローブとして利用することができる．そのような測定手段としては，核磁気共鳴吸収(NMR)とメスバウアー分光法が代表的であり，その他ガンマ線角度相関，核整列などがある．メスバウアー効果にはエネルギーの低いガンマ線は必要条件で，40 以上の元素，100 以上の核種について測定の可能性は確認されているが，^{57}Fe と ^{119}Sn 以外の測定はかなり困難である．^{57}Fe は測定が容易で情報は豊富でかつ解析しやすいので簡単な測定手段として定着している．Fe はもっとも身近な金属元素であり，金属合金，無機化合物に加えて有機物中にもしばしば存在し，生体内でも重要な働きをする．これらの Fe 原子のイオン価数の推定や，磁気秩序の存在を証明するためにメスバウアー効果が利用される．特に磁性については Fe が主役を演じることが多いため，磁性分野でメスバウアー分光法が重用される．試料は固体であることが必要条件であるが，結晶学的構造には束縛はなく，アモルファスやグラニュラー物質にも適用可能で，有益な情報が得られる．

　メスバウアースペクトルから得られる主な情報は以下のようである．
（1）**アイソマーシフト**：スペクトルの中心位置，原子核位置の電場の強さを示し，原子価の決定に役立つ．
（2）**核四重極相互作用**：電場勾配に比例，構造上の歪みや，電子軌道の配置に関しての知見が得られる．
（3）**内部磁場**：核位置の磁場の強さ．磁気秩序の確認，磁気モーメントの評価など磁性に対する情報．
（4）**吸収強度**：格子振動の情報．

　メスバウアースペクトルの実例を**図 14** に示す．

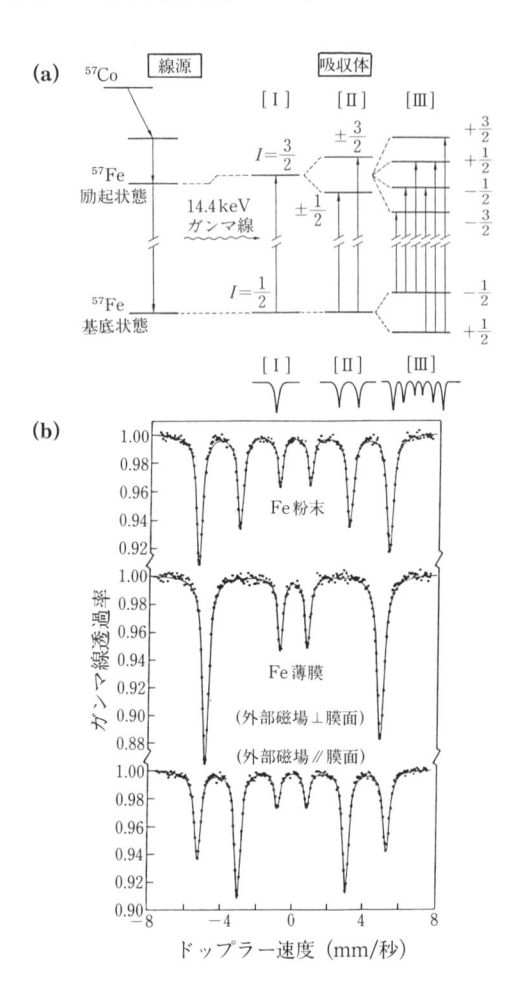

図14 ^{57}Fe メスバウアー効果の説明
(a) 原子核のエネルギーレベル(I は原子核のスピン角運動量).
(b) 純 Fe のメスバウアースペクトル.
　上から，Fe 粉末，Fe 薄膜に外部磁場(5 T)を膜面垂直方向に加えた場合，および外部磁場を膜面内方向に加えた場合．スピン方向は，それぞれ，ランダム，膜面垂直，膜面内．スペクトル強度比は，それぞれ 3:2:1:1:2:3, 3:0:1:1:0:3, 3:4:1:1:4:3 となる．

コラム 5　内部磁場

電子スピンに起因して原子核に働く磁場を内部磁場という．3d元素の場合，不対3d電子スピンが大きな内部磁場を作り出す．3d電子スピンが核位置の内殻電子を分極させるために大きな内部磁場が発生すると考えられているが，その機構は複雑で，内部磁場と3d電子磁気モーメントとは単純な比例関係ではない．しかし，磁気モーメントのサイズを知る有力な手がかりとなっている．内部磁場が観測されることは磁気秩序の存在の決定的証明であり，特に反強磁性体には有効である．緩和時間の長い常磁性イオンが磁気分裂したスペクトルを示すことがあるが，磁気秩序によるスペクトルとは性質が異なる．磁気秩序を持つ物質における内部磁場の温度変化と，磁性原子の局所的磁化の温度変化は一致し，転移点が決定できる．内部磁場の方向と電子のモーメントとは逆方向である場合が多い．希土類における4f電子のように軌道核運動量の寄与が大きい場合には事情は異なり，内部磁場の方向と電子の磁気モーメントは平行ではなくなる．

^{57}Feの測定の場合，内部磁場が存在すると6本に分裂したスペクトルが得られ，その分裂の大きさから内部磁場が求められる．純Feの内部磁場は室温で33 T$^{(*)}$である．試料が薄膜形状で，ガンマ線ビームが膜面垂直方向の場合，磁化方向が（1）垂直，（2）面内，（3）ランダムに応じてスペクトル強度比は（1）3：4：1：1：4：3，（2）3：0：1：1：0：3，（3）3：2：1：1：2：3と変化する（図14参照）．すなわち，6本のスペクトルの強度比の測定結果から無磁場下での磁化の配向性が評価できる．強磁性体に外部磁場をガンマ線と平行方向に加え，磁化が飽和した場合，強度比が3：0：1：1：0：3に変化する．外部磁場が十分大きいときは内部磁場の方向が外部磁場と逆向きであることを受けて，全体の分裂幅は減少する．フェリ磁性体であれば，内部磁場が減少する部分と増加する部分に分裂する．ガンマ線方向の磁場中で測定すればスペクトルのプロファイルが単純化されるので，内部磁場の分布の評価が容易になる．

非磁性元素の場合は自分自身の磁気モーメントは存在しないので，メスバウアー効果が観測する内部磁場は伝導電子のスピン分極に対応する．

(*)　磁場の単位 T（テスラ），1 T = 10 kOe.

図15はFe/Mg人工格子のメスバウアースペクトルを示している[29]．メスバウアー測定の主な目的は磁気的性質の解明にあるが，ここでは構造的な見地から興味深い点を述べる．図はFe層の厚さに対するメスバウアースペクトルの依存性を示している．Mg層は2～3 nmの厚さがあって，ここではそれぞれのFe薄層を隔離しているスペーサとみなしておく．得られたスペクトルはFe層厚にかかわらず，すべて6本に分裂しており，測定温度の4.2 Kでは強磁性であることがわかる．ただし厚さが1.2 nm以下のときは内部磁場が分布しているために線幅がかなり広がっており，強磁性アモルファスFeのスペク

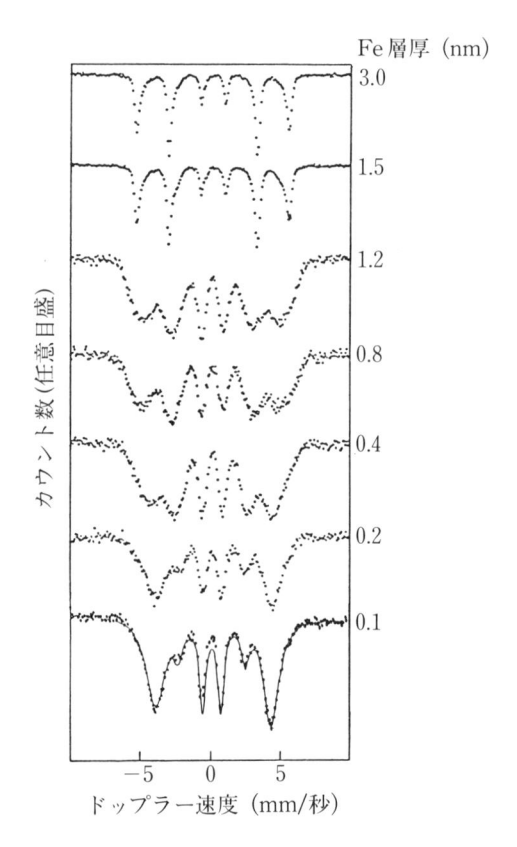

図15 Fe/Mg人工格子のメスバウアースペクトル(4.2 K)[29]

トルの特徴を示している．一方，1.5 nm 以上の厚さのときは，スペクトルがシャープになり，アモルファス構造から bcc 構造に変わったことがわかる．bcc 構造の Fe の一部を非磁性金属が置換して合金化すると，スペクトルはかなりブロードになることが知られているが，それら合金系についての知識を利用すると，このシャープなスペクトルから bcc-Fe の組成がほぼ 100%Fe であることがわかる．

このような情報を利用して，アモルファス人工格子の構造を考察してみよう．図 15 の測定結果は Fe 層の厚さを変えた別々の試料に対して得られた結果であるが，Fe 層の成長過程を示すと理解することができる．すなわち Fe 層の厚さが増加するにしたがって，図の下部から上部へと Fe の状態が変化している．層厚が 0.1 nm は単原子層以下の量に対応するが，強磁性であることを示すスペクトルが得られており，非磁性の Fe が全く見られないことは注目される．Fe 原子が Mg 中に孤立した状態では磁性を持たないことが知られている．Fe 原子が微細なクラスターを形成した場合も，その原子の個数がある程度以上でなければやはり安定な磁気秩序は存在できない．すべての Fe 原子が強磁性を示すという結果は，Fe 原子がかなり多数集まっていると考えられ，ある程度以上の面積のある島状の Fe の単原子層(いわばパッチ状の単原子層)を形成しているものと理解できる．

強磁性 Fe のメスバウアースペクトルは 6 本に分裂したスペクトルを示し，その 6 本のピーク強度比は磁化の方向に依存する．したがって，6 本のピーク強度比から磁化の方向についての情報が得られる．0.1 および 0.2 nm の試料では 2 本目と 5 本目のピーク強度が著しく減少しており，磁化方向が膜面垂直に近いことが示されている．1.2 nm まで厚くなると，ピーク強度比からみた磁化方向は面内に近く，広い線幅からアモルファス Fe の典型的スペクトルといえる．しかし 1.5 nm のスペクトルは一転して非常に線幅が細くなり，bcc 構造への転移によって内部磁場の分布がほとんどなくなったことが示されている．3 nm ではよりシャープであり，3:4:1:1:4:3 のピーク強度から磁化は完全に面内にねていることがわかる．このスペクトルの変化を眺めると，Mg 層の上に成長した超薄 Fe 層は最初はアモルファス構造であり，約 1.3 nm

の厚さに限界膜厚値があって，それ以上厚い Fe 層は結晶化する．結晶化後の Fe 層は 100%bcc-Fe である．結晶化前の Fe 層のアモルファス構造が，Mg 不純物の混入によって安定化されているかどうかは，現在のデータからは判定できないが，1.5 nm の厚さで結晶に変化した後のスペクトルは，Fe 層には Mg は含まれていないことを示している．アモルファス Fe 層内には Mg が相当量混入していたものが，結晶化と同時に析出するとは考えにくいので，アモルファスの段階でも Fe 層内には Mg は存在していないと考えるのが自然である．すなわち Fe 層がある限界厚さ以下のときはアモルファス構造をとり，ある値を越えると結晶相に転移すると結論される．従来，純粋の Fe アモルファス相は不安定であり，なんらかの元素(たとえば Si や C)を混入させなければ安定化しないとされてきたが，1 nm 程度の薄膜の形状であれば，純 Fe からなるアモルファス試料が得られることを示している．

エピタクシーが成立する場合の結晶成長は理解しやすい．すなわち蒸着される原子の最初の 1 個から基板の結晶に組み込まれ，結晶成長に関与する．しかし非エピタクシャル成長の場合は，基板の温度がある程度低いとすると気相から基板に到着した原子は漸次凍結され，ランダムパッキングのような固体形成が行われる．エネルギー的には結晶相が安定であるとしても，ある厚さに達するまではそのエネルギー差は少なく，結晶相へ移行しないで準安定相としてアモルファスが保持される．**図 16** は非エピタクシャル成長膜の初期の構造の概

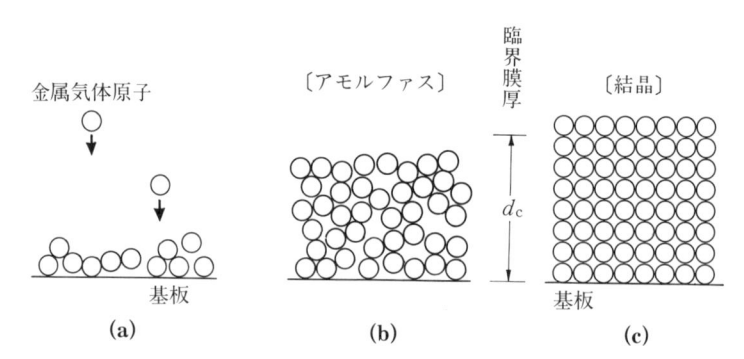

図 16 非エピタクシャル超薄膜の構造(ある厚さでアモルファスから結晶相に変化する)

念的説明である．このようなアモルファス構造の発生は非エピタクシー成長膜の初期には一般的に起こりうると思われるが，これまでは特に注目されることはなく，メカニズムの議論などはされていない[30]．非エピタクシー人工格子の生成に伴って，このような現象が明らかにされはじめ，希土類と3d金属の組合せでも同様の現象が見られている．Sauerらは，Fe/Gd人工格子の場合にアモルファス-結晶質の転移が起きる限界厚は2.3 nmとしており，筆者らのFe/Dy人工格子について報告した結果とよく一致している[31]．Mgの場合に比べると希土類で臨界膜厚値が大きくなっているのは界面での結合状態に原因があると思われる．希土類と3dはアモルファス合金相を作りやすい組合せであることから想像すると，界面効果がアモルファスを安定化する方向に働くのに対し，MgとFeとの原子間力は非常に小さく，MgとのFe面がFeの構造におよぼす影響が小さいためと考えられる．

2.5 界面の構造

人工格子の構造を把握する上で，界面がどのように形成されているかを知ることは非常に重要である．現実に作製された薄膜，多層膜の表面界面は理想的な構造とはかなり異なる．表面の構造的不完全性は一般にラフネスと定義されるが，界面のラフネスを検討しようとするとき，対象とするラフネスのスケールによって研究手段が異なる．原子サイズよりもはるかに大きなスケールのラフネス，たとえば10ないし100 nm程度の波長で表面にうねりがあるという巨視的な凹凸を対象とする場合にはメスバウアー分光法のような原子レベルの手法は不適当であり，X線の全反射などの方法を用いて平均的ラフネスを評価する[32]．STMは表面の状態をそのまま観察できる方法であり，かなりマクロなスケールからミクロなスケール，たとえば原子面によるステップの存在などのラフネスまで対応できる．人工格子を成長させる過程でSTMを応用できればその時点での表面が観察されるが，人工格子作成後の界面の構造の研究には応用できない．RHEEDは表面を検定する手段として知られており（図6,7参照），基板の検査や人工格子成長中のモニターに用いられ，結晶配向性の確

認とともに原子レベルの平坦性がチェックできる.しかしこの場合も観察できるのは,あくまで真空中に露出した表面の状態であり,人工格子を作製して界面となった後の状態が保証されるわけではない.原子スケールでフラットな表面が作製されていたとしても,界面を形成した後にはかなりの拡散が進行しているおそれがある.界面近傍の限定された領域でのみ進行する拡散は,原子レベルのラフネスと内容的に区別がつかない.近年,真空表面に対しての解析手段は大いに進歩したが,界面には応用できず,界面のミクロなラフネスの観察は極めて困難である.

表面界面の原子レベルのミクロなラフネスを評価する手段として内部磁場を利用する方法がある.内部磁場とは原子核位置に働く磁場のことであり,メスバウアー分光法や核磁気共鳴吸収(NMR)がそれらを検出する手段として利用されている.内部磁場は主として3d電子のモーメントに起因しているが周囲の原子にも影響される.たとえばbcc-Feのバルクの結晶の場合,室温の内部磁場は33Tである.非磁性金属で一部置換した合金を作製すると,最近接サイトのひとつに非磁性原子がきたFe原子の内部磁場は約8パーセント減少することが知られている.この知識を人工格子の界面の解析に利用してみよう.

Fe/V人工格子の場合を考える.結晶学的には完全な単結晶状のbcc-Fe膜を想定し,表面(界面)は原子レベルでフラットで欠陥やステップがない(110)面であると仮定する.その表面がV層で覆われているとしよう.その場合は表面第1層の原子はすべて同等であり,bcc構造の最近接原子数は8個であるが,そのうち6個がFeのはずであり,残りの2個がVとなる.2個のVが最近接サイトに来たために,表面第1層のFe原子の内部磁場はバルク値から16パーセント減少すると仮定すると,予想される内部磁場は27.7Tとなる.完全に界面がフラットで拡散がないとすれば,第2原子層のFeの最近接サイトには非磁性のVは全く存在せず,内部磁場にはほとんど変化はないと仮定できる.たとえば,表面の2原子層だけに同位元素^{57}Feを配置したメスバウアー分光法用の試料が作製され,メスバウアースペクトルが得られたとすると,第1原子層と第2原子層の二種類の内部磁場が1:1の比率で観測され,それらの内部磁場はバルクより16パーセント減少したものと,バルクとほぼ

2.5 界面の構造

等しい値と予想される．実際の界面にはラフネスや拡散が生じており，それらが内部磁場の分布を発生させる．その分布の解析からラフネスの度合いを評価しようという手法である．磁性層に非磁性原子が侵入すると，隣接サイトの8個の磁性原子の内部磁場に影響を与えるので，わずかな拡散の進行によって内部磁場は容易に分布を持つ．したがってミクロな拡散の進行を敏感に検知することが可能である．

実際に Fe/V 人工格子の内部磁場分布の解析から，界面の拡散の度合いを推定した結果を説明する．図 17 に説明したように，Fe 層を分析するには，場所を選別して同位元素を配置した試料を利用するのが有効である．メスバウアー効果は，^{57}Fe でのみ起きるので，Fe 層全体は ^{56}Fe で作製し，注目すべき領域にのみ同位元素 ^{57}Fe を配置する．図（a）に描いた構造がそのとおりに実現されていれば，試料ⓐ，ⓑ，ⓒはそれぞれ界面から 5〜6 原子層，3〜4 原子層お

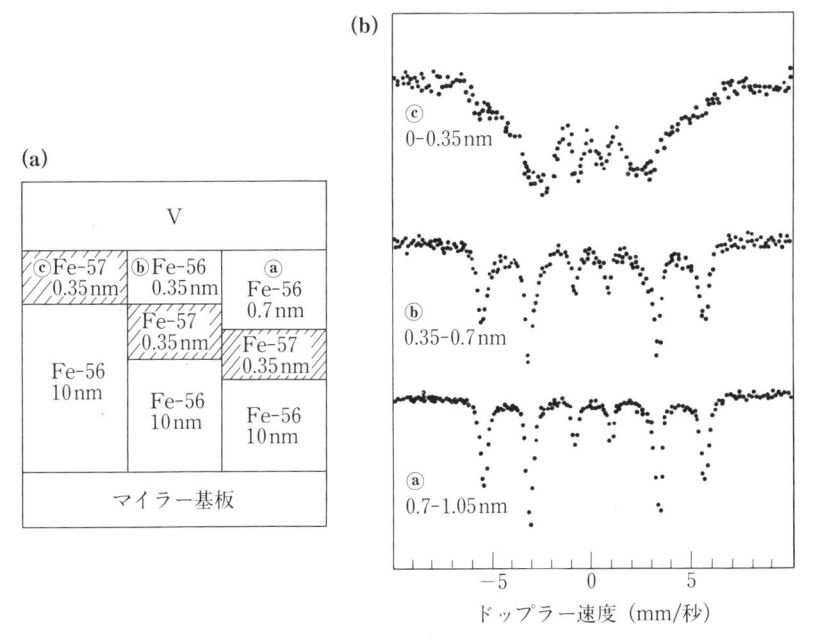

図 17　深さ選択メスバウアー測定による Fe/V 界面の組成分析[29]
（a）試料の構造．（b）メスバウアースペクトル．

よび界面トップの2原子層を反映するはずである．メスバウアースペクトルはそれに対応して変化しており，ⓐはバルクのスペクトルとほとんど差のないシャープな線幅を持つのに対し，ⓑではややブロードになり，ⓒでは非常にブロードなスペクトルが見られている．

したがって，組成に乱れが起きている領域は界面近傍の数原子層であることが直感的に推定できる．Vと接するFe界面の場合，界面近傍の数原子層の^{57}Feが示すメスバウアースペクトルから内部磁場分布を求め，分布の原因がFe原子の最近接位置にあるV原子の数によると仮定し，Fe-V合金の場合の知識を利用すると界面での組成の乱れ方を推定することができる．Jaggiらは，筆者らの実験データをもとに界面の組成分布曲線を求め，その結果として**図18**の曲線を得ている[33)]．

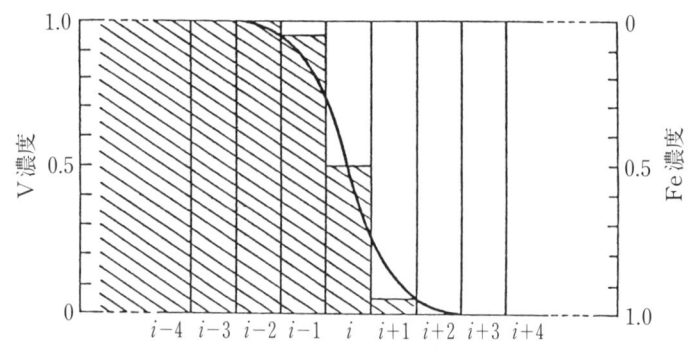

図18 Fe/V界面の組成変化プロファイル ($i, i+1, \cdots$ 各原子層を示す)[34)]
階段関数：NMRから求めた組成変化
曲線：メスバウアースペクトルから求めた組成変化

この結果は，FeとVの界面で組成の入り乱れが起きているのは約3原子層に限定されていることを示している．

Fe/V界面の組成変化のプロファイルを調べるためには^{51}V核のNMRの結果も利用できる．外部磁場ゼロの状態でNMRを測定すると，内部磁場を感じているV核のみが観測の対象となる．V金属自体は磁性を持たないので，内部磁場を感じているのは強磁性Fe層と接している界面のV原子のみであ

り，V層の内部にあるV原子はNMRには関係しない．FeとVが原子レベルでフラットで，相互拡散が全くない界面を形成している場合は，第1原子層のVは大きな内部磁場を持ち，第2原子層はかなり小さな内部磁場，第3原子層以上ではほとんど内部磁場はゼロと予想される．またそれぞれの内部磁場には分布が存在しないはずである．しかし，実際に測定されたNMRの結果にはかなりの内部磁場分布が存在する．この分布がV原子側から見た最近接Fe原子の数に依存すると仮定すれば，界面での組成変化のプロファイルが推定できる．Takanashiら[34]がFe/V人工格子の^{51}VのNMR測定から求めた組成変調プロファイルは図18の階段関数で示されている．この結果はメスバウアー分光とは全く独立に求められて結果であるが，両者のプロファイルは極めてよく一致している．FeとVの場合は両者とも内部磁場の測定が可能であり，別々のサイドからアプローチできるが，得られた組成プロファイルがよく一致していることは，定量的にも信頼できる結果であることを示している．界面でFeとVが交じりあっている領域はせいぜい3原子層であるという結論は，固溶可能な金属の組合せを接合した界面でも拡散の度合いはかなり抑制できることを示している．

　二種類の金属元素A，Bを積層して人工格子を作製する場合の界面における拡散について，一般的に考えてみよう．拡散の進行方向にはAからB，およびBからAの二種類があり，その度合いは同一ではない．むしろかなり異なっている．しかも通常の固体拡散とは状況がかなり相違している．金属Aの表面に膜Bが成長する場合には，Aはバルク固体で温度が低い状態にあり，その表面に気体状態の原子Bが到達する．熱エネルギーの低いAと，高いBの反応である．逆に金属Bからなる層の表面にAを成長させる場合にはバルク状態で温度の低いBの表面と，温度の高い気体状態のAとの反応であるから，前者の反応生成物とはかなりの差があるのが当然である．したがって，実際に作製された多層構造では，それぞれの層について上側の界面と下側の界面では組成のプロファイルが異なることが起こり得る．それらに大きな差異があれば，人工格子は膜の作製方向に関して一方向性の組成変調プロファイルを持つことになる．ある程度拡散が進行した試料ではこのようなプロファイルが存

在することが当然であるが,実験的な検証はかなり困難である.このような問題にはメスバウアープローブを利用した内部磁場測定が有効な情報を与えてくれる. **図 19** は Fe/Mn の界面に ^{57}Fe を配置し,二種類の界面の状況を解明したものであり,界面組成の入り乱れ方の差を明瞭に示している[35].

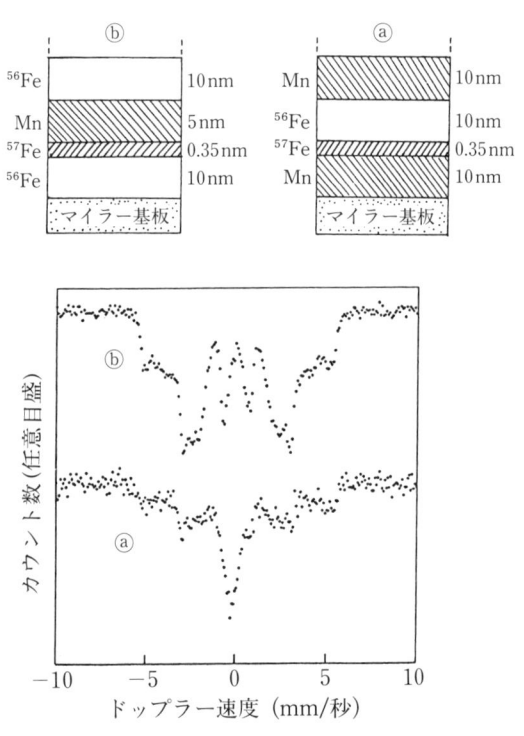

図 19 Fe/Mg 界面のメスバウアースペクトル(室温)[35]
ⓐ:Mn-on-Fe. ⓑ:Fe-on-Mn.

図中のⓐは,Fe 表面に Mn がきたときのスペクトルである.この場合には 6 本に分かれた強磁性的なスペクトルが得られており,界面で組成がシャープに変化している,すなわち拡散の度合いが少ない状態であることを示している.一方,Mn の表面に Fe がきたときのスペクトルⓑでは,かなりの Fe 原

2.5 界面の構造

子は常磁性状態*¹ になっており，Fe 原子が Mn 層内に数原子層程度の距離の拡散の起きていることを示している．つまり，界面での組成変化はやや広い範囲に及んでいる．このように多層構造を作製したときには，界面の組成プロファイルは成長方向と逆方向とが対称にはなっていない．元素の組合せによってその程度は大いに異なるが，多層膜には成長方向に関して一方向性の構造変調が多少は存在すると考える必要がある．

図 19 のメスバウアースペクトルはかなりブロードであるという印象を与える．コンピュータ解析して内部磁場分布を求め，仮定した組成プロファイルによる分布とが一致することを示しても，それが唯一の解かどうかに疑問を持たれても当然である．内部磁場は原子の環境に敏感に依存し，基本的には bcc 構造の強磁性 Fe であるとしても，表面のラフネスや格子欠陥，あるいは不純物によって影響される．内部磁場に顕著な変化を与えるのは第 2 隣接原子までとしても，1 個の不純物あたり約 10 個の Fe の内部磁場を変化させてしまうので，わずかな界面の構造の乱れが内部磁場の分布を引き起こしてしまう．**図 20** は界面の構造を模式的に示し，内部磁場の分布が生じる状況を説明している．図 20(a) のように界面が理想的な構造であれば，内部磁場には分布はないが，現実の人工格子には，図 20(b) のような界面の乱れが存在するのが普通であり，メスバウアースペクトルにかなりの内部磁場分布が現れることはやむをえない．逆にいえば，内部磁場測定は，界面の乱れに対して非常に敏感な測定手段である．

単結晶基板上に，数原子層の薄膜が結晶性よく成長した場合には，内部磁場には分布がなく，不連続な値をとらせることができる．Pryzybylski らは W 単結晶基板上に ^{57}Fe を数原子層成長させ，反射法の測定から Fe 原子のサイトに対応する内部磁場を観測している[36]．図 20(a) に示すように，理想的にフラットな W 基板の上に 1.5 原子層の Fe を成長させたとし，Fe 層の構造も極めて理想に近いと仮定する．すなわち，1 原子層の部分と 2 原子層の部分が面積的に 1:1 で存在し，どちらも結晶性は完全であると考える．その場合には，

---

*¹ メスバウアースペクトルⓑにおいて，ドップラー速度ゼロ付近の大きな吸収が常磁性状態の Fe に対応する．

56　2　人工格子の作製と構造評価

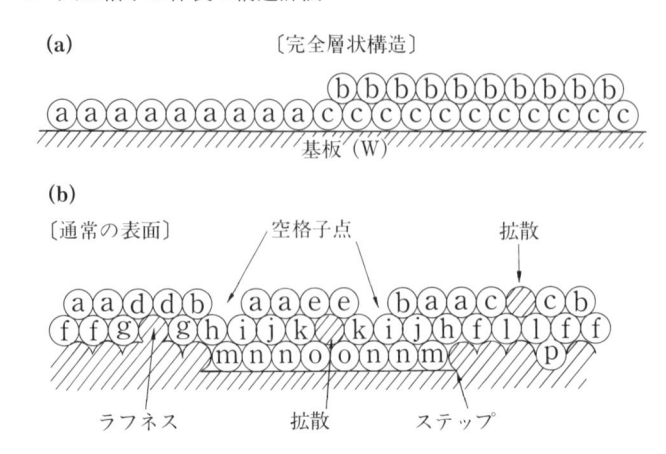

(a)　　　　　　　　　　　〔完全層状構造〕

(b)
〔通常の表面〕　　空格子点　　　　拡散

ラフネス　　拡散　　ステップ

図 20　（a）完全な層状成長した厚さ 1.5 原子層の膜の構造の概念図．
（b）格子欠陥や相互拡散が存在する際の構造の概念図．
内部磁場の種類を a, b, … で示した．

メスバウアースペクトルは次に三種類の内部磁場が見られるはずである．すなわち，W 表面の単原子層部分の Fe の示す内部磁場，W 層上の 2 原子層部分の Fe の表面層の内部磁場，および Fe 表面層と W 層にはさまれた Fe 原子層の三種類であり，強度比は 1：1：1 と予想される．得られた測定結果はその予想とよく一致している．

　W 表面の Fe 層については，このように理解しやすい結果が得られている．しかし，Fe/W 人工格子の作製には W と Fe を交互に積層する必要がある．W 表面の Fe 膜の場合は良好な結晶性が期待できるとしても，その逆，すなわち Fe 表面に成長した W 膜には期待できない．熱エネルギーの高い W 原子が到達すると，Fe 表面はかなりの影響を受け，組成に乱れが生じる．したがって，エピタクシー性の良好な W/Fe 人工格子は作製できていない．人工格子の作製は困難でも，W 表面の Fe 層のように 1 枚の薄膜であれば，極めて良好な構造が実現するが，メスバウアー測定によってその性質を検討するには，Fe 濃度が小さくても測定が可能である反射法の利用が有効である（**コラム 6**）．

コラム 6　反射法メスバウアー測定

　通常のメスバウアー測定は，ガンマ線の透過量を計測するので透過法と呼ぶ．吸収量を調べるためには，大部分のガンマ線が吸収されずに透過する必要があり，エネルギーの低いガンマ線を対象としているために，試料は薄膜形状であることが要求される．メスバウアー効果を起こす元素量としては，^{57}Fe の場合は $0.1\,\mathrm{mg/cm^2}$ 程度の濃度が適当である．この濃度は原子レベルでいえばかなりの量に対応し，単原子層を1枚しか含まないような試料では濃度としては不十分で，透過法を応用することは不可能である．

　メスバウアー測定には反射法も利用できる．透過法ではガンマ線がメスバウアー効果のために減少する量を計測するのに対し，反射法ではいったん吸収されたガンマ線が二次的に放出する粒子(後述)の増加量を計測する．二次放射には方向性はないので全空間の計測を行う．ガス封入型カウンタの内部に試料をおく方法が手軽で効率がよく，単原子層量の試料からでもスペクトルが得られる．二次放射ではガンマ線よりも内部転換電子がより多く放出されるので電子を計測することが多い．反射法測定で内部転換電子を計測する手法を CEMS (conversion electron Mössbauer spectroscopy) と呼ぶ．CEMS はメスバウアー元素濃度がごくわずかでも可能である長所のほか，試料の形状については透過法の場合のような制限がなく，単結晶表面にも応用可能であり，非破壊検査法としても利用できる．放出電子を計測する性質上，必然的に表面近傍の様子を調べることになる．室温の CEMS 測定は容易であり，表面や超薄膜の研究に多用されているが，低温の測定にはカウンターの工夫が必要になる．また外部磁場を加えて測定することも困難である．

　反射法で得られるスペクトルは，透過法のスペクトルを水平線に関して対称に折り返したプロファイルを持つ．すなわち透過法では吸収エネルギー位置に下向きのピークが観測されるが，CEMS ではちょうど逆になって，上向きのピークが現れる．スペクトルから得られる情報には本質的な差異はない．電子の透過能力が小さいため，反射法では表面近傍の領域($100\,\mathrm{nm}$ 程度までの深さ)を観測していることになる．

　図 35 は Sn 核による CEMS スペクトルの実例である．

3 人工格子の物性

3.1 磁気的性質

　鉄，ニッケル，コバルトなどの磁性金属と，非磁性金属を組合せた人工格子の作製は数多く行われてきた．磁性/非磁性人工格子を利用することにより，たとえば二次元磁性体を研究課題とすることができる．二次元スピン系の振る舞いは，磁性物理の基礎研究課題として古くから興味が持たれており，数多くの理論的研究が行われてきた．ある程度の厚さのある非磁性層と，磁性金属の単原子層を積層した構造の人工格子の場合，非磁性層を介しての磁性層間の相互作用が無視できる程度に小さければ，二次元磁性を研究するためのモデル物質として利用することができる．界面の物性を研究目的とする場合も同様で，同じ性質を持つ界面を数多く含んだ人工格子を作製すれば，界面物性研究用の試料となる．このように，人工格子はしばしば低次元磁性や界面磁性を研究するためのモデル物質を得る目的で作製されてきた．二次元磁性や界面現象が研究課題であれば，モデル物質としての人工格子が厳密な人工周期性を備える必要はない．しかし，人工的に周期性を備えた試料を作製し，回折手法によって設計図どおりの構造が実現していることを確認できれば試料の品質についての保証が得られたことになる．

　単原子層あるいは界面の研究のための人工格子試料を作製すれば，いわゆるバルク試料を対象とする測定手段が応用可能になる．高感度の磁力計を用いても1枚の単原子層の磁化の検出は困難である．しかし100枚の単原子層を含む試料であれば，その磁化を測定できる可能性がある．しかも100枚の単原子層（あるいは界面層）が厳密な周期性を持って存在すれば，その周期性を利用した回折測定が可能になり，たとえば中性子回折により磁性についての情報を得ることができる．しかし，1層の試料の方が多層よりも結晶学的に品質の高い試

料を得る点では有利である．最近は，1層の単原子層を対象とする測定が可能になってきていることも事実である．単原子層の構造の評価にはRHEEDやSTMが利用できるようになった．過去には単原子層の磁性について信頼できる情報を得る実験は極めて困難と思われたが，カー効果(**コラム7**参照)などが単原子層の磁性の測定を可能にしている．たとえば，Cu表面に生成されたCo単原子層はその構造がかなり明確であり，強磁性を示すと報告されている[37]．キュリー温度などの詳細は報告によって異なっているが，真空表面の第1原子層の観察がかなりの程度可能になっていることを示す実例である．しかし，単原子層1枚の試料に応用できる手段が限定されていることも事実である．人工格子のかたちで，多数の単原子層を含んだ試料を研究することにも意義があり，相補的な情報を得て総合的な検討を加えていくことが必要である．単原子層の特異な物性に実用的価値が見いだされた場合，材料としてその機能を発現

コラム7　光と磁気

　磁性体中を通過する光が旋光効果を受ける現象をファラデー効果という．一方，金属磁性体の表面で光が反射する場合の磁気効果をカー効果という．レーザービームの偏光面の回転角は物質内の磁場の強さを反映する．レーザービームを走査して表面の磁化方向のマッピングを行う方法をカー顕微鏡と呼び，磁区構造を観測するひとつの方法である．微小な領域それぞれについての磁化曲線の測定が可能であり，基礎研究に有用である．ウェッジ試料(コラム14参照)において，場所(すなわち膜厚)とともに磁化の方向が変化する様子を観測する手段に利用できる．カー効果は単原子層領域の超薄膜試料の磁性を測定できる数少ない手段である．たとえばCo金属単原子層が磁気秩序を持つのか？　そのキュリー温度はいくらか？　といった研究に利用されている．

　光磁気記録技術として実用化されている手法も原理的にはカー効果による微小領域の磁気の検出である．すなわちアモルファスTbFeCo膜のように垂直異方性を持つ磁性膜を媒体とし，記録の書込みは強力なレーザービームによって局所的な加熱を行い，磁化の反転したスポットを作ることによってメモリとする．媒体中の磁化スポットが上向きか下向きかをレーザービームのカー効果によって判定することが記録の読出しにあたる．

3.1 磁気的性質

させるには1枚の単原子層では不十分であり，単原子層の集合体としての人工格子を作製することが機能性材料を得る方法となろう．

　もともと強磁性を持つ3d金属の二次元化以外に，強磁性化合物を二次元的に成長させる試みも行われている．Mn金属は低温にネール温度を持つ反強磁性体であり，単体では強磁性は示さない．しかしSb，As，BiなどとのMn化合物はキュリー温度の高い強磁性体である．MnとSbを交互に蒸着すると，基板温度が室温でもある程度の反応が進行し，加熱などの操作をあえて行わなくても，MnとSbの界面に強磁性体であるMnSbが生成される．しかもSb膜は単結晶状に容易に配向し，さらにその表面に生成されるMnSb化合物層も良好なエピタクシー関係を保持している．蒸着法によって配向性のよいSb層を生成し，その表面にMnSb単分子層相当のMnを蒸着すれば，単結晶状のMnSb単分子層，すなわち二次元強磁性体を作製することができる．ここで合成される人工格子の構造は，Sb層とMnSb層を積層したものとみなせる．透過電子顕微鏡で観察すると，Mn/Sb人工格子は，図8(c-1)に示したCr/Sb格子とよく似た構造を示す．**図21(a)**にはMnSb層の磁化の層厚依存性が示されている[38]．

　MnSb層のキュリー温度は層厚とともに増加しているが，Mnが1原子層しかない場合は磁化は安定に存在するという意味のキュリー温度は約10Kにまで下がっている．しかし外部磁場を加えると，かなり高い温度まで磁化が誘起されている．この現象に，磁気秩序がゆらぎやすいという二次元磁性体の特徴が現れている．最近，半導体と磁性体を複合し，スピンの伝導性を利用するデバイスが検討されており，微小な領域に強磁性体を二次元的に生成させる必要性が考えられるが，Sb層表面に強磁性化合物であるMnSb層を生成する試みはひとつの参考例となる．

　CrとSbによる人工格子もMn/Sbの場合と類似した構造を持ち，内容的にはCrSb/Sb人工格子が生成される．MnSbが強磁性体であるのに対し，CrSbは反強磁性体であるため，磁気的性質には相違がある．CrSbの反強磁性は，強磁性原子層が交互に向きを変えて打ち消している構造なので，原子層が奇数であれば磁化を完全に打ち消すことはできない．したがって，層状成長が完全

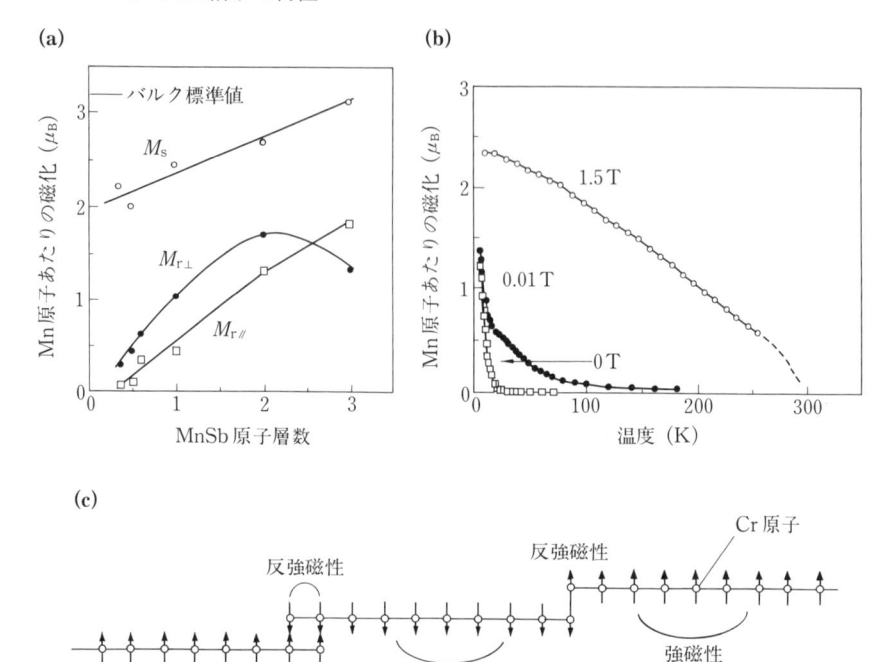

図 21 （a）MnSb の層厚と Mn 原子あたりの磁化（μ_B）の関係[38]
  M_s：飽和磁化.
  $M_{r\perp}$：垂直方向に磁化した場合の残留磁化.
  $M_{r/\!/}$：面内方向に磁化した場合の残留磁化.
（b）MnSb 人工格子の Mn 原子あたりの磁化の温度変化, 外部磁場は 0 T, 0.01 T, 1.5 T
（c）CrSb 単分子層の磁気構造の概念図（ステップなどの存在によって強磁性は打ち消される）

に進行すれば，膜厚が 1 原子層のときは強磁性，2 原子層のときは完全に打ち消しあった反強磁性，3 原子層のときは 1/3 の磁化を示すフェリ磁性体になることが予想される．

しかし，実験の結果では，Cr/Sb 人工格子は常にごく小さな磁化を示すのみで，CrSb 層の厚さに対して磁化が振動する兆候は確認できていない[39]．上

3.1 磁気的性質

の予想は，理想的な結晶構造を持って成長する場合にのみ成り立つものであり，現実の試料では，図21(c)に示したように膜面内にステップが存在し，同一層内で磁化の打ち消しあいが起きると考えられる．現実の人工格子試料では，各CrSb層の状況を厳密に等しくすることは不可能であり，CrSb層の厚さに対して磁化が振動的な変化をするかどうかを，人工格子試料の磁化測定から検討することは非常に困難である．層厚に対する磁化の振動というような課題には，平滑性の高いSb基板上にCrSb1層を成長させ，微小な面積の磁化が検定できる手法を用いることが望ましい．

表面界面の磁性については，1970年ごろの研究で磁性金属表面界面の第1原子層は常に磁気モーメントを失った状態(dead layerと呼ばれる)になっているという説[40]が出て話題となったことがあるが，今では多くの表面磁性研究によって通常の表面は第1原子層まで強磁性を保っていることが確認されている．たとえばFe膜は表面までbcc構造を持ち，かつ強磁性秩序に組み込まれている．その表面に別の物質を付着させてもFeがbcc構造を保つ限りは強磁性モーメントを失うことはない．Fe表面をMgOで被覆した場合，Feの内部磁場をメスバウアー分光法で見ると増加しており，むしろ磁気モーメントが増大している傾向を示す[41]．理論的には真空表面では磁気モーメントが増加することが示唆されており，MgOとFeとの結合が弱いためにFe表面の電子状態が真空表面に近いとすれば，その傾向は納得できる[42]．表面で反応が起こり，構造に大きな変化があれば，それに伴って磁性の変化も起こりうる．たとえばFe表面にRu原子がきた場合の界面では金属間化合物に近い構造が作られるものと思われ，結果的にFe/Ru界面ではFe1原子層が磁気モーメントを失う．Ni/Cu人工格子の場合は，NiはCuとの合金化によってモーメントを失うので，Ni/Cuの界面で若干の拡散があれば，Ni表面に"dead layer"が存在することになるが，これらの例は表面に構造的な(あるいは化学組成的な)変化が起こったことによる磁性の変化であり，「強磁性金属の表面が磁気モーメントを持たない」という意味とは異なる．すなわち強磁性金属の表面，あるいは界面の原子層は，大きな構造変化がないかぎり磁気モーメントを持ち，磁気秩序に参画している．

磁性金属と非磁性金属を組合せた多層構造膜の研究はこれまで数多く行われてきた．Ni/Cu人工格子の先駆的研究はHilliardらのグループが行い，強磁性共鳴の測定結果をNiの磁気モーメントの増大によると解釈した[43]．この結果を重要視したベル研究所のグループは，Ni/Cu単結晶状人工格子の作製を行い，磁性の測定を行ったが，磁化の増大は見られず，むしろバルク値よりも減少する傾向を示すことを確認した[17]．彼らは結晶性のよい人工格子の作製を目指して，かなり高い温度の基板上に成膜を行った結果，良好なエピタクシャル多層構造が得られたものの，界面での拡散がかなり進行した試料となった．そのせいもあって，彼らはNi/Cu人工格子を組成変調膜(compositionally modulated film)と呼んでいる．この結果は，人工格子の界面での組成の変化はかなりブロードなものであり，これが人工格子の一般的な性質であるという印象を与えた．人工格子とは組成が変調されてゆらいでいるだけの物質であれば，新奇な物性を発現する可能性もあまり期待できそうではない．この結果を受けて，結局ベル研究所のグループはその後3d金属を磁性層とする研究は行わず，希土類金属を対象とする研究に移っている．

ベル研究所およびイリノイ大学のグループでは希土類による結晶性のよいエピタクシャル人工格子を作製し，長周期磁気構造がさまざまに変化する様子を中性子回折によって研究した[16]．もともと希土類金属は長周期磁気構造が存在することが知られており，RKKY相互作用[*1]の結果として理解されている．二種類の磁性層による周期構造や磁性層の間に非磁性層を挿入した周期構造によって長距離磁気結合の符号や大きさが変化し，その結果として多彩な長周期スピン構造が出現する．周期構造を人工的に設計することによってスピン構造が修飾される様子を中性子回折で観測し，理論的予測とよく一致していることを示している．構造の人工的制御によってスピン構造を制御した例であり，希土類人工格子によってひとつの研究の頂点が極められた感がある．ただし，構

[*1] Rudermann-Kittel-Kasuya-Yosida 相互作用の略；希土類原子の磁性は原子に局在する4f電子が担っているが，原子間の相互作用は伝導電子が支配し，その結合強度は原子間の距離に振動的に依存して変化することが理論的に証明されている．

成因子が希土類金属のみの場合の磁気的秩序はすべて低温でしか存在しないので，希土類人工格子がただちに磁性材料としての応用に結びつくわけではない．一方，希土類と3d金属を複合した人工格子ではキュリー温度を室温以上にすることが可能であり，実用材料の可能性も視野に入れて研究が行われてきた[44]．70年代からFeとTbなど3dと希土類を複合したアモルファス膜が光磁気記録用媒体として研究されてきた．このようなアモルファス膜の，磁気記録材料としての利点のひとつは磁化容易方向が膜に垂直となっている点である（垂直磁化膜）．微小磁性体を利用した記録媒体の記録密度を向上させようとすると，膜面垂直方向の磁化を利用する方が究極的には有利であることが知られている．光磁気記録方式では偏光したレーザー光のカー効果を利用して磁化の垂直成分を検知するもので，垂直磁化膜が記録媒体として利用される（**コラム7**）．

アモルファス膜の構造が理想的にランダムであれば，結晶異方性は消失するはずであり，垂直磁化が出現することとは矛盾する．現実の3d/希土類アモルファス膜でなぜ垂直異方性が存在するのか，そのメカニズムはまだ十分理解されていない．巨視的にはアモルファス状の膜でも，微視的には微小結晶あるいは結晶粒（グレイン）の集合体である場合が多く，ナノクリスタルあるいはグラニュラー膜などと呼ばれることも多くなった．これらの磁気的特性は微小結晶の性質によって支配される．

希土類と3d金属による人工格子は，アモルファス構造から人工的構造制御へ進展したものとみなせる．希土類と3d金属を組合せた人工格子では，構成成分は両者とも磁性体であり，構成成分の膜厚によって多様な磁気特性が現れる．通常の基板温度で生成された希土類と3d金属による人工格子ではエピタクシーは成立せず，多結晶体となり，3d層，希土類層に加えて界面には化合物層が存在するので，3種類の物質相の複合体となり，磁性は複雑な様相を見せる．磁気異方性についても多様であり，垂直磁化膜も出現する．希土類元素の種類によって磁性はどのような影響を受けるかを見るために，希土類3nmとFe4nmからなる人工格子の低温でのメスバウアースペクトルを**図22**に示す[45]．

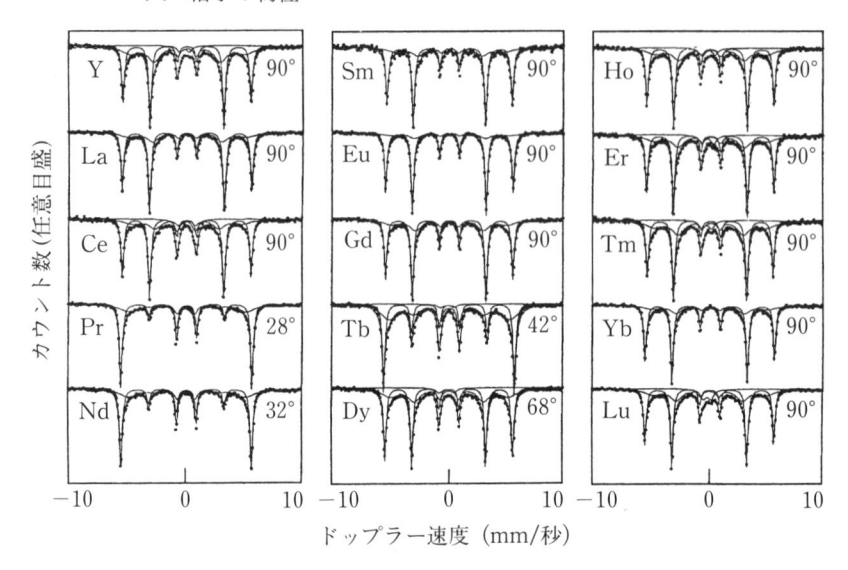

図22 希土類/Fe人工格子のメスバウアースペクトル(4.2 K)[45]
[RE 3 nm/Fe 4 nm]×n
強度比が3:4:1:1:4:3の6本のスペクトルは磁化方向が膜面内にあることを示す．Pr, Nd, Tbの場合は2本目と5本目のピークが小さくなり，磁化が膜面垂直方向に近づいている．図中の数値は磁化と法線の角度．

　希土類金属の種類にかかわらず，低温ではすべての試料について，シャープな6本に分かれたスペクトルが見られ，Fe層がbcc構造を持つ強磁性であることが明らかである．多くの場合，6本の強度比は3:4:1:1:4:3に近く，磁化が面内に向いていることを意味している．薄膜の形状による形状異方性が優勢であれば，容易磁化方向が面内であることは妥当な結果である．ところが，Pr, Nd, Tbの場合は2本目と5本目のピーク強度はかなり減少しており，磁化方向が膜面垂直に近づいていることが示されている．このように垂直異方性の出現は希土類元素の種類に関係しており，また温度にも依存する．
　図23にはFe/Nd人工格子のメスバウアースペクトルの温度変化が示されている．6本のピークの強度比は顕著な温度変化をしており，低温では垂直異方性の影響が優勢になっていることが観測されている．このような人工格子は

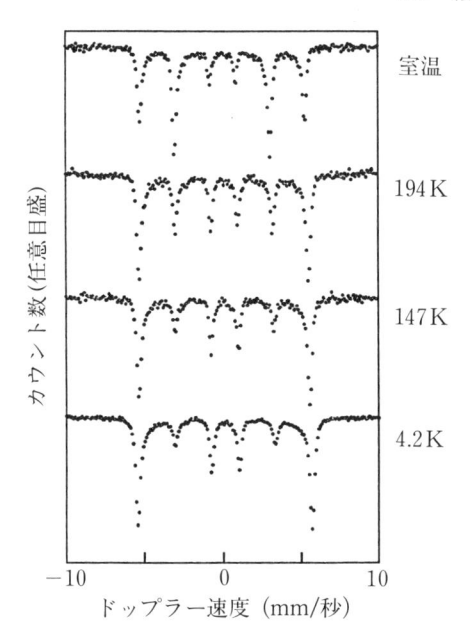

図23 Fe/Nd人工格子のメスバウアースペクトルの温度変化[46]
低温度では2本目と5本目のピーク強度が減少し，磁化が次第に膜面内方向から垂直方向に変化していることが示されている．

磁気的に三種類の成分からなっており，それぞれが別のキュリー温度を持っている．すなわちFe層は非常にキュリー温度が高いのに対し，希土類のキュリー温度はかなり低く，界面近傍の化合物層はその中間のキュリー温度を持つ．磁気特性に重要な役割を持つのは界面の化合物層であり，磁気異方性を支配するのは3d金属層に接している希土類イオンの軌道角運動量であると思われる（コラム8参照）．高温側では各Fe層は面内に容易方向を持つ強磁性を示す．垂直異方性の原因である希土類イオンの属する化合物層のキュリー温度はやや低いため，垂直異方性は低温で発現し，全体の磁化方向は低温で次第に垂直方向に近づく．このように，低温で垂直磁化を示す人工格子の例は多いが，室温で垂直磁化を安定化させることはFe/Tbなどの限られた組成比でのみ可能である（コラム9）．

コラム 8　磁気異方性エネルギー

　個々の原子が磁気モーメントを持ち，交換エネルギーによってすべてのモーメントが同一方向に整列させられた状態が強磁性体である．整列した磁気モーメントの総和を磁化という．交換エネルギーの符号が負，すなわちモーメントを反平行に整列させようとする相互作用を基本とした秩序状態を持つ物質を反強磁性体という．本来は反強磁性体であるが，個々のモーメントの総和がゼロにはならず，差し引きの差として磁化が生じ，強磁性体と同様に振る舞う物質をフェリ磁性体という．

　磁化方向が結晶方位や試料の形状に対してどのような方向を向くかによってエネルギー状態は変化し，そのエネルギーの差を磁気異方性エネルギーという．磁化のエネルギーが最も低くなる方向，すなわち自発的に磁化が向こうとする方向が磁化容易軸方向，もっともエネルギーが高くなる方向が困難軸方向である．磁性原子が軌道角運動量を持つ場合，スピン軌道相互作用により結晶磁気異方性エネルギーが存在し，結晶方位に対して容易軸困難軸が決まる．希土類金属の中には大きな結晶異方性エネルギーを持つものがあり，永久磁石材料に利用される．しかし，多くの場合，磁性体の容易軸方向を実質的に決めているのは形状異方性エネルギーである．試料の形状は一般的には球形ではないので，形状に即してなるべく静磁エネルギーを減少させるように磁気分極する．すなわち細線試料であれば，形状異方性エネルギーによって線の長軸方向に磁化が配向し，薄膜試料では膜面内方向が容易軸となる．

　異方性エネルギーは磁性材料の実用的特性として非常に重要であり，永久磁石材料にはできるだけ大きな異方性エネルギーが求められるのに対し，書替え可能の磁気記録媒体には制御できる範囲で大きな異方性エネルギーが要求される．軟磁性材料（ソフト磁性体）では異方性ができるだけ小さいことが望ましく，トランスのコア材料や電波吸収材に用いられる．

　3d金属と貴金属による人工格子の研究においても，垂直磁気異方性エネルギーを中心課題とする研究が多く行われた．この場合は磁性/非磁性人工格子の典型であり，貴金属自体の磁性は存在しないため，磁性体を複合した人工格子よりは理解は容易である．CoやFeによる磁性層を非常に薄くすると，しばしば垂直磁化が安定化される傾向が認められる．この場合の異方性エネルギ

3.1 磁気的性質　69

コラム 9　表面磁気異方性エネルギー

　電子の軌道角運動量は，異方性エネルギーの主な要因のひとつであるが，結晶内では周囲の対称性によって軌道角運動量は消失していることが多い．ところが，結晶の最表面の原子では対称性が破れており，その結果，軌道角運動量が大きな異方性を作り出すことが考えられる．このようなメカニズムの表面異方性は，微粒子の磁性の説明のために Néel が考案した．

　薄膜における表面異方性は，Gradmann らの実験によって初めて議論された[47]．強磁性薄膜は形状異方性のために磁化が面内に向けられていることが知られているが，彼らは強磁性金属層の厚さが数原子層にまで薄くなると垂直方向が容易軸となり，その原因は Néel の提唱したようなメカニズムによる表面異方性であると説明した．しかし当時はこの結果を信用する人はむしろ少なかった．我々のグループは Fe を含む人工格子のメスバウアー測定から超薄磁性層に垂直磁化が存在することを観測し，Gradmann らの結果を支持する結果を得た．Carcia らは Fe/Pd 人工格子の磁性の測定から垂直異方性を見いだし，金属磁性体の垂直磁化についてはこれまで上記 2 例の報告があるが，室温で安定な垂直磁化膜(すなわち応用上の価値のある磁性膜)が初めて得られたと主張した[48]．その後多くの実験が垂直異方性の存在を確認し，膜厚が大きいときには面内異方性が優越しているが，数原子層の薄さになると垂直異方性が支配的になって，垂直磁化が安定化されることがかなり普遍的に起こると認められるようになった．金属電子についてのバンド計算によっても垂直異方性の存在が説明されており，結晶面による相違などの理解も進んでいる．

ーと膜厚の関係は，表面原子層のみに垂直異方性が存在するとして理解できる[49]．磁性層の単位体積あたりの実効的な垂直磁気異方性エネルギーを K_{eff}，膜厚を t，単位面積あたりの界面異方性エネルギーを K_s，磁性層の単位体積あたりの実効的体積異方性エネルギーを K_v で表すとき，次の式が成り立つ．

$$K_{eff}\, t = K_s + K_v\, t \qquad (2)$$

磁性層の膜厚を変えて異方性エネルギー値 K_{eff} を測定し，異方性エネルギーに膜厚を乗じた値 $K_{eff}\, t$ を膜厚 t の関数として表すと，**図 24** のように直線関係にあり，式(2)が成立していることがわかる．

　界面異方性エネルギーの強さは $t=0$ の切片の値に対応し，切片が正の値で

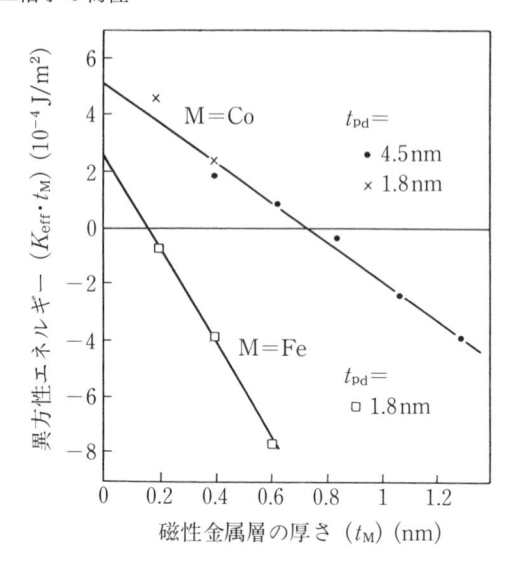

図24 Co/Pd, Fe/Pd人工格子における垂直異方性エネルギーの磁性層厚依存性[49]

あることは垂直方向を容易軸にする界面異方性エネルギーの存在を示す。一方，K_v は負の値を与え，t が増加すれば全体の垂直異方性の符号が負となり，面内方向が容易軸となる。$K_{eff}\,t$ が正の部分が垂直磁化が安定に存在する領域である。すなわち磁性層がかなり薄いことが垂直磁化を安定化する必要条件であることがわかる。

実験値が式(2)によくしたがっているという事実は，垂直磁気異方性が表面第1層にのみ存在し，磁性層厚に関係せず，常に一定値とみなせることを示している。一方，磁化を面内にねかせようとする体積異方性は磁性層の厚さに比例する。その結果，表面異方性との大小関係は磁性層厚に依存し，非常に薄い領域でのみ垂直磁化が安定化されることが理解できる。界面異方性エネルギー K_s は面積あたりで表され，定義には厚さは含まれていないが，表面の第1層の原子のみに磁化を垂直に向けようとするメカニズムが働いているという意味に等しい。一方，体積異方性エネルギー K_v は反磁界エネルギーや結晶磁気異方性エネルギーを含み，磁化を面内に向けようとするメカニズムの和である。

3.1 磁気的性質

垂直異方性エネルギーを持たない磁性薄膜では常に面内方向が磁化容易軸となる．

垂直磁化を持つ人工格子を作製するには，図24でわかるように磁性層厚をかなり薄くする必要があり，薄いほど垂直異方性が優勢になる．一方，磁性層があまりに薄いとキュリー温度は低下する．室温で安定な垂直磁化膜を得たいときには，その兼ね合いでデザインが決まる．磁性/非磁性の周期構造は垂直異方性の特性に直接依存するものではないが，非磁性層の厚さは全体のキュリー温度に影響を与える因子となる．そのような考察の結果，たとえば [Co 0.5 nm/Pt 1 nm] × n という構造の人工格子が室温で安定な垂直磁化膜の例であり，カー回転角が大きいこともあって光磁気記録媒体としても有力である．このような場合の光磁気記録材料は，磁性層が垂直磁化を維持できる程度に薄いこと，磁性層数を光磁気効果が十分利用できる程度に含むことを必要条件として設計しなければならない．磁気記録の安定性からはキュリー温度が高いほど有利であるが，磁気記録の書込みをレーザー加熱による磁気反転によって行うとすれば望ましいキュリー温度領域が限定される．磁性層を厚くすればキュリー温度は上昇するが，垂直異方性は相対的に減少することになる．

特性の異なる磁性層を複合した人工格子を作製すれば，種々の研究目的に対するモデル物質が得られる．永久磁石材料の研究に人工格子を利用する可能性を考えてみる．NdFeB 化合物は究極の永久磁石材料といわれ，非常に大きな異方性を実現しているが，キュリー温度が低いなどの欠点があり，さらに大きな磁気モーメントを持つ磁石材料の出現が望まれている．新しい永久磁石材料の候補のひとつであるスプリングマグネットは，磁気異方性の大きな成分と磁化の大きな成分の二種類を複合したものであり，両者の結合によって大きな異方性エネルギーを維持しつつ，磁気モーメントを増大させようという企てである．実際のマグネットには微細なグレインを混合した状態が利用されるが，基礎研究のモデル物質としては成分と膜厚を制御して作成した人工格子が適している．Mibu らは磁気異方性の点でハードな物質として CoSm アモルファス合金層，ソフトな物質として NiFe 層を積層し，外部磁場を加えると CoSm 層からピン止め効果を受けている NiFe 層内ではスピンが徐々に回転し，磁場を

除くと元へ戻るというスプリングマグネットの特性を複合薄膜の状態で実現させた[50]．さらに特性を向上させるためにスプリングマグネットの内容をどのように設計するかを検討する必要があり，その研究のモデル物質として人工格子が有用であることは明らかであるが，いまのところ磁石材料の開発に結びつく人工格子研究が推進されるにはいたっていない(コラム10)．

同様の研究手法は，永久磁石材料以外の特性についても応用可能であり，たとえば磁歪材料にも応用できる．非常に大きな磁歪を持つものの，キュリー温度が低いという物質があるとすれば，キュリー温度を引き上げる物質と磁歪が大きい物質を人工格子として複合することによって現実的機能性を向上させる可能性が考えられる．その基礎研究のモデル物質として人工格子が利用できるであろう．光磁気効果などについても，材料研究のモデル物質として人工格子を利用する戦略が成り立つ．一般に，低温では非常に優秀な特性が室温ではほとんど消えてしまうという事例は少なくない．このような場合には，キュリー温度の高い磁性層と，機能性の高い層をミクロに複合することによって作動温度を上昇させることを試みる価値があり，そのような材料開発に人工格子をモデル物質として利用できる．しかし，実際にそのような開発研究を行った例はまだほとんどない．

人工格子を舞台とする伝導性と磁性との相関現象は非常に重要であり，ことに1988年の巨大磁気抵抗(GMR)効果の発見以来盛んに研究されており，基礎と応用の両面にわたって多くの成果が得られている．人工格子の磁気的性質として最も重要性の高い現象はGMRであり，GMRについては第4章で改めて説明する．

コラム 10 永久磁石材料

図25は永久磁石材料の開発研究の歴史を示すもので，磁石としての性能を表す $B \cdot H_{max}$ (磁化×磁場)という量が年代とともに増加する様子が見られる．当初は金属合金が材料の中心であり，その後フェライトが安価で安定な磁石材料として普及し，かなり強い実用的磁石材料が得られるため現在も広く利用さ

3.1 磁気的性質

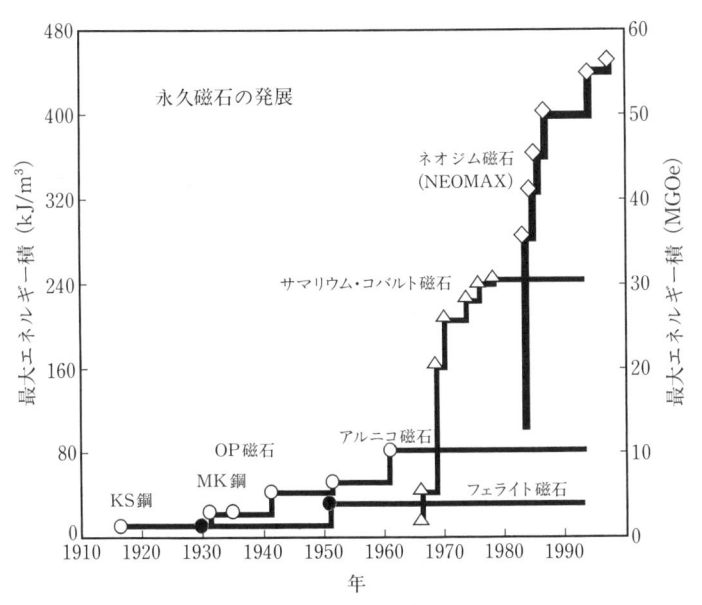

図25 永久磁石の性能の発展

れている.最近希土類と3d金属の化合物(たとえばCoとSm)によって強力な磁石が作られるようになった.さらに最近,Nd-Fe-Bからなる化合物を利用して超強力磁石が実現した.強力な磁石はサイズの縮小が可能であり,最先端機器の小型化に寄与している.磁石材料の研究においては,その初期から最近にいたるまで日本の研究者が大きな貢献をしてきていることがひとつの特徴である.Nd-Fe-Bは永久磁石材料としての究極に近いといわれているが,キュリー温度が低い,腐食を受けやすいなどの欠点がある.

今後さらに開発研究の余地を多く残している永久磁石材料としてスプリングマグネットがある.磁化が大きい磁性体と,異方性が大きい磁性体とを複合し,両者に交換結合させることによってそれぞれの特徴を活かし,磁石としてのエネルギーを大きくしようとする試みである.

3.2 超伝導

　金属合金を機能性物質として考えるとき，磁性と並んでもっとも重要な物性として伝導性があげられる．伝導性の中で特に興味深い物性は超伝導性であろう．超伝導性に関しても数多くの人工格子を用いた研究が行われてきた．磁性研究の場合と同様に，超伝導性についても，人工格子を研究する目的のひとつは基礎研究のモデル物質を作製しようとするもの，いまひとつは未知の物質，すなわちこれまでにはなかった新奇物質の探索，に大別される．

　1980年ごろの超伝導物質の研究にあっては，超伝導転移点が20 K あたりで低迷し，新しい物質への展開が模索されていたものの，転移点の上昇という面では目ぼしい進展が見られない期間がかなり続いた．そこで，新しく登場した人工格子は新奇性を秘めた物質群として注目され，内外でいくつかグループが超伝導に焦点をおいた研究を始めた．ただし，常伝導物質どうしを組合せて画期的に新しい超伝導物質を得ることは困難な仕事であり，信頼できる理論的予測が存在するわけでもないので，かなりの幸運がなければ成果は望めなかった．現実には，既知の超伝導物質をベースにして物質を変化させるという仕事から始めざるをえない．アメリカでは Nb, Pb，日本でも Mo や V をベースとして他の元素を組合せるというかたちの人工格子が試作された[51]．これらはモデル物質として見たときには大変興味深いものではあるが，得られた転移温度は必ず低下しており，より転移温度の高い超伝導物質の開発という方向には見るべき成果はなかった．人工格子の持つ二次元的伝導性，界面の特異な電子状態，あるいは格子振動の異常性などに，新しい超伝導に結びつく要素の可能性が考えられたが，期待に沿った成果は得られていなかった．

　そのような状況で1986年に高温超伝導体の出現にいたり，大方の予想を裏切って酸化物がブレークスルーを与える結果となった[52]．高温超伝導体と呼ばれる銅酸化物は，積層構造を持っている点で人工格子との共通性があるが，酸化物を基本にした物質群が高い転移温度を持つことは予想されていなかった．酸化物の研究が爆発的に進展を始め，想像をはるかに越える高い温度の超伝導

転移点が得られることが知られ始めたため，大勢の研究者が酸化物研究に参入した．金属人工格子の超伝導性を研究していた人はもちろんのこと，磁性を研究していた人からも宗旨替えが相次いだ．このために，ここ10年の間には金属元素による超伝導人工格子の研究は休業中の様相を呈している．表2の中には未知の超伝導体が隠されたままになっていることは確実であり，いずれ新しい超伝導物質系が発見され，注目を浴びる時期がくることが予想できる．しかし未知の超伝導物質の中に転移温度が100 K を越える可能性は，かなり小さいのではないかと思われる．

　超伝導人工格子に関する研究例として，V と Ag の人工格子の実験結果を紹介しておく[52]．V は転移温度が5.5 K の超伝導金属として知られている．V と Ag は混じり合わない組合せであるが，良好な周期構造が作製できる．**図26** に示したように，[V 4 nm/Ag 2 nm] の電気抵抗は約2.9 K 付近で超伝導転移が起きることを示している．超伝導転移が試料全体で均一に起こっているかどうかは帯磁率の測定から判定されるが，同じ図にあるように，超伝導性による完全反磁性の発生は非常にシャープで，転移が20 mK くらいの間で起きていることを示している．超伝導特性を表すパラメータのひとつにコヒーレンスの長さ[*1]があり，膜厚がコヒーレンスの長さよりも薄くなると，二次元的超伝導性を示す．金属超伝導体のコヒーレンスの長さは数 nm ないし数 10 nm に達し，しかも温度の上昇とともに長くなる性質を持つ(**図27** 参照)．したがって，超伝導特性に関しては，磁性の場合よりもはるかに厚い膜で二次元性が反映される．超伝導/常伝導人工格子の場合，近接効果によって超伝導性は常伝導層にもある程度しみ出すが，その距離はコヒーレンスの長さが目安となる．コヒーレンスの長さが常伝導層の厚さよりも大きいときは試料全体に位相の相関性が及ぶ超伝導(すなわち三次元超伝導)となり，小さければ個々の超伝導層が独立の超伝導(すなわち二次元超伝導)となる．

[*1] 超伝導状態では上向きスピンの電子と下向きスピンの電子間に引力が働いてペアを作っている(クーパー対)．クーパー対の大きさがコヒーレンス長と呼ばれ，超伝導特性を表すひとつの重要なパラメータである．

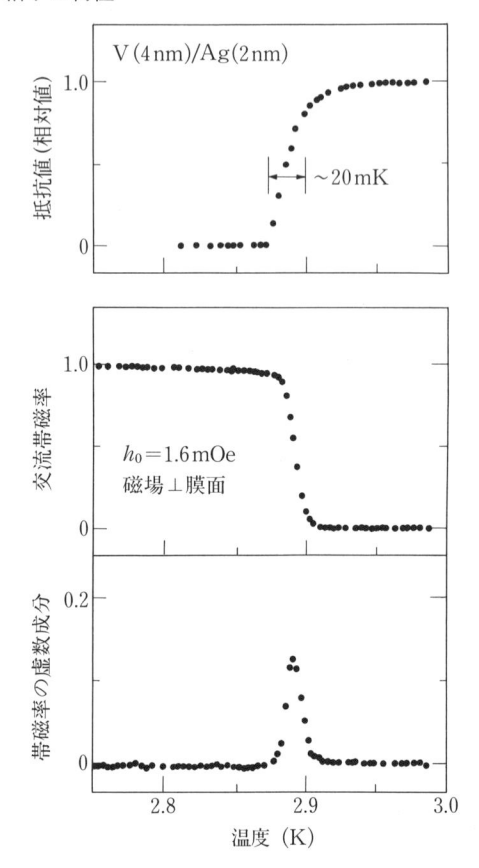

図 26 V/Ag 人工格子の超伝導性 [V 4 nm/Ag 2 nm]×n[53]
(a) 抵抗の温度変化.
(b) 交流帯磁率の温度変化.
(c) 帯磁率の虚数成分の温度変化.

　超伝導性における次元の効果は,たとえば臨界磁場に現れる.第二種超伝導体[*1]に磁場を加えると,磁束の侵入によって次第に超伝導部分が減少するが,超伝導が完全に消失する磁場を上部臨界磁場(H_{c2})と呼んでいる.二次元超伝導体では侵入した磁束の配置が制限される効果があり,H_{c2} は三次元の場合より大きくなる.H_{c2} の温度変化を模式的に表すと図 27 となる.このように超

3.2 超伝導　77

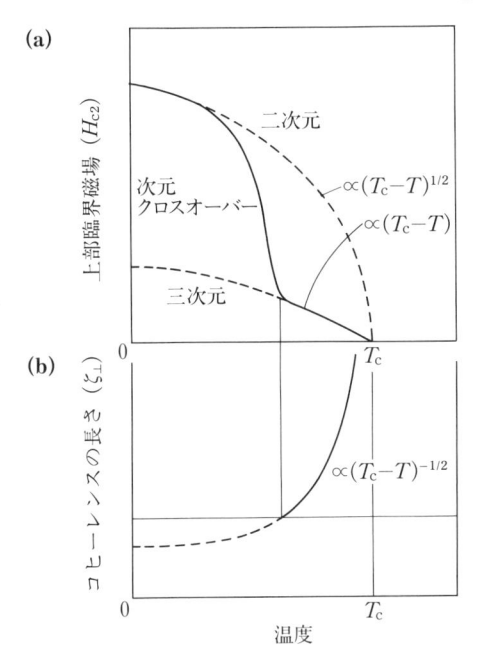

図27 超伝導パラメータの概念的説明
(a) 二次元および三次元超伝導体における上部臨界磁場の温度依存性．
(b) コヒーレンスの長さの温度依存性．

伝導の次元性は H_{c2} の温度変化に端的に現れ，三次元では勾配の低い曲線であるのに対し，二次元では転移点のすぐ下から大きく立ち上がる曲線となる．一方，コヒーレンスの長さは温度変化するので，常伝導層の厚さが適当であれば，低温では二次元，高温では三次元の振る舞いを示す可能性がある．すなわち次元のクロスオーバー現象の出現が予想される．**図28** はまさに図27で述べたクロスオーバー現象を示している．図中の矢印がクロスオーバーが生じる温

[*1] SnやPbのような単純な金属は磁場を加えると，ある磁場で超伝導状態が突然常伝導状態に変わり，第一種超伝導体と呼ばれる．合金や化合物の超伝導体は第二種超伝導体と呼ばれ，磁場を加えたときは超伝導と常伝導の混在状態が起こり，しだいに常伝導に移る．

78   3 人工格子の物性

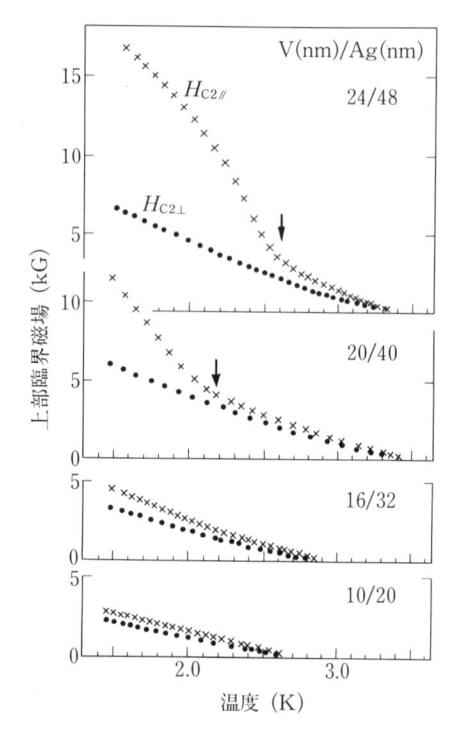

図 28 V/Ag 人工格子の上部臨界磁場の温度依存性[53]
Ag 層厚が 48, 40 nm のときには次元クロスオーバー現象が見られる(矢印). Ag 層厚が 32 nm 以下のときは，測定温度範囲では常に三次元的.

度であり，Ag 層が薄くなるとクロスオーバーは起こらず，低温まで三次元の超伝導性を示す．

　超伝導層と強磁性層を交互に積層したとき，両者が十分に厚ければそれぞれの超伝導性と強磁性が共存できる．各層厚をどこまで薄くできるか，あるいは人工周期の波長がどこまで短くできるかは興味ある問題であり，実験的には，たとえば [Fe 3 nm/Nb 4 nm] では磁性層と超伝導層を交互に積層した状態が実在することが報告されている[54]．かつては，磁性は超伝導性に著しくネガティブな効果すなわち超伝導現象をこわす効果があるというイメージが持たれていたが，高温超伝導体の出現以来，磁性と超伝導の間の垣根が取り払われた感

があり，反強磁性秩序と超伝導性が密接に関係する種々の現象が知られている．酸化物超伝導体では反強磁性相互作用の存在がむしろ本質的であると考えられている．しかし，磁性層と超伝導層の接する界面の電子状態についてはまだ多くの問題が残されており，反強磁性層と接する超伝導層の性質などは十分には検討されていない．今後は微視的な界面構造と対応させて超伝導特性を明らかにする必要がある．超伝導材料に対しての磁性の影響として，超伝導臨界温度を上昇させる近接効果は期待薄であるが，臨界磁場や臨界電流を増加させる機能は期待できる(コラム11)．

コラム 11　酸化物人工格子

　酸化物による人工格子の骨格は酸素が作っている．金属イオンは酸素による八面体あるいは四面体の中心にあってそれらの配置を人工的にデザインして人工格子を作る．磁性，超伝導性などの物性面では金属人工格子と共通性がある．80年代の初めに[CoO/NiO]などの酸化物人工格子が初めて作製された[55]．

　酸化物高温超伝導体の発見(1986年)以来，超伝導性に関連する人工格子研究が精力的に行われてきた．$YBa_2Cu_3O_7$は代表的高温超伝導体であるが，Cu層2枚を含むユニットセルを単位として層状成長させることでできる．超伝導体の$YBa_2Cu_3O_7$と反強磁性体の$PrBa_2Cu_3O_7$を積層させた人工格子によって二次元的超伝導性の性質が調べられる，$YBa_2Cu_3O_7$の層厚をユニットセル単位で変化させることが可能であり，ユニットセル1枚から超伝導性が発現することが観測されている[56]．

　酸化物の磁性は，酸素を通じて金属イオン間に働く超交換相互作用によって決まる．超交換相互作用の内容は理論的にかなりよく理解されている．超交換相互作用による結合はほとんどが反強磁性であるが，強磁性が発生する場合もある．Fe^{3+}-O-Cr^{3+}は強磁性の例とされているが，自然の酸化物の中では全体として打ち消されて磁化は発生しない．Kawaiらは結晶面を選んでFeとCrを交互に積層すると強磁性結合ばかりが存在し，人工的な強磁性体が合成できることを報告している[57]．

3.3　力学的性質

　人工格子の界面では，熱力学的には安定ではない結合が強制されている場合があり，その特殊性が力学的性質に反映される可能性がある．その代表例は金属人工格子の特異な力学的性質として古くから知られている超弾性効果 (supermodulus effect) である．1970 年代には Cu/Ni, Au/Ni, Ag/Pd などのエピタクシャル成長させた人工格子の弾性率がバルジテスターといわれる方法で測定された[58]．バルジテスターとは，小さな穴の上においた薄膜試料に点荷重を加えたときのたわみから弾性率を評価する方法である．その測定から，人工周期が 2～5 nm の特定の領域にあるとき弾性率が数倍に増大していると結論され，超弾性効果と呼ばれた．数原子層の厚さの二種類の金属をエピタクシャルに接合するには格子をかなり変形させる必要があり，その整合歪みが弾性定数に異常な変化を与えたとすると，まさに人工格子特有の性質であり，基礎と応用の両面から注目される現象である．しかしその後，引張り試験，インデンテーション法，ブリルアン散乱法，振動リード法などを用いて様々な人工格子試料についての検討がなされてきたが，いまなお超弾性効果の存在が確認されたとはいえない．光の非弾性散乱であるブリルアン散乱法は，弾性定数の測定手段のひとつであり，超弾性効果を支持する証拠とみなされているが，硬度やヤング率の大きな変化は説明できない．超弾性効果が発現するとすれば，そのメカニズムとしては格子整合歪みの効果，相互拡散層の効果，人工周期による電子状態，すなわちエネルギーバンド構造の変化，整合歪みにより界面近傍に生成される不規則構造を有する領域の効果などが考えられている[59]．

　1980 年代後半から金属窒化物の機械的性質の研究が進展した．薄膜の硬度が，微小な端子を用いて超微小の圧縮変形を測定するナノインデンテーション法という技術によって測定されるようになった．その結果，TiN/VN など金属窒化物からなる単結晶状人工格子では，人工格子周期 10 nm 程度の試料が 50 GPa を越える高いヴィッカース硬度を示すと報告されている[60] (**図 29**)．ただし，これらの窒化物人工格子ではブリルアン散乱などによる弾性定数には全

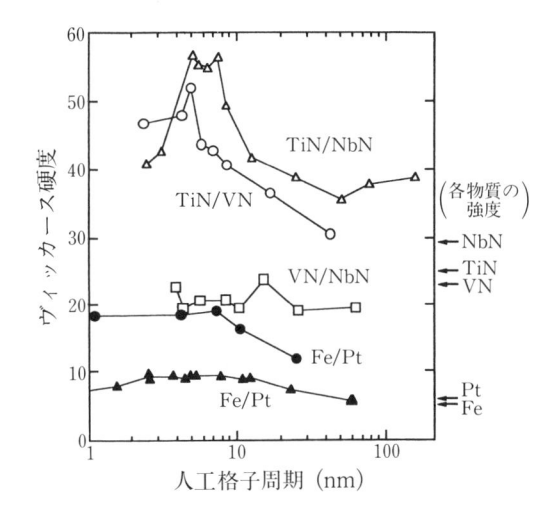

図 29 窒化物人工格子の周期の長さとヴィッカース硬度[60]

く変化はみられていない．窒化物人工格子における高い硬度の発現は，弾性定数の変化に基づくものではなく，塑性変形領域における転位のすべり運動の特性による現象であると考えられている．すなわち，人工格子中の界面や粒界が転位の動きを妨げる働きをし，塑性変形のしにくい組織ができている場合に硬度の増大が起きると思われる．

　超弾性効果を示すための人工格子の設計図が確立され，高い弾性率を示す物質が再現性よく作製できるようになったとしても，人工格子が必然的に超薄膜の形状であり，かつ基板を除外することが困難である以上，構造材料としての応用は極めて限定される．それに対し，表面を堅くするための表面処理の一種としての応用には可能性がある．

3.4　その他の性質

　次章は人工格子の磁気抵抗効果をタイトルとしており，電気伝導性についても次章で言及する．GMRを代表例として，磁気抵抗効果は基礎から応用にわ

たって重要性が高い現象であり,人工格子構造の特異性と密接に関連している.人工格子の構造は化学的性質にも反映されることが期待されるが,これまでには刮目すべき効果は発見されていない.人工格子中では格子の伸縮あるいは歪みが存在し,また有効電子数が変化している可能性があるので,たとえば気体の吸蔵能力に大きな変化が生じるかもしれない.金属全体に対する水素ガスの吸収量が増加し,ガスの出し入れを容易に行える人工格子システムが構築できれば,人工格子が化学的機能材料につながるであろう.

通常の金属人工格子試料では,多種類の物質の周期構造が作製されたとしても,最表面は一種類の元素であり,積層構造の持つ化学的性質は隠されてしまう.化学的見地からいえば,人工格子の側壁面の性質が興味深い.側面では異種の金属が接して格子に歪みを与えたり,電気陰性度が一様でない状態が露出していることになる.したがって触媒作用などに新奇性が期待される.しかし従来の人工格子では側面に対応する部分は全体から見ると無視できる程度の少なさであり,触媒材料として利用するのは困難であった.後に述べる微細加工法を利用すると,人工格子は1ミクロン程度の微小集合体に分割され,試料中の側面の割合が飛躍的に増加する.微細加工した試料を利用して,側面の化学的性質を研究することは今後の課題のひとつである(コラム 19,21 参照).

人工格子の利用という面では X 線光学素子がもっとも古くからの課題であり,いまもその重要性は高い[61].宇宙 X 線や放射光など多様な X 線に対応する必要があり,一方では生体超分子の巨大な単位胞の結晶などを測定の対象とした長波長 X 線の利用が広がっている.人工格子を X 線光学素子として利用しようとするアイディアが出されたのは 50 年以上前であるが,近年の人工格子作製技術の進歩によって,得られる試料の品質は大いに向上している.人工衛星における宇宙 X 線観測にはすでに Pt/C 人工格子膜などが利用されている.大きな面積の試料を容易に作製できるため,スパッタ法が利用され,構造はアモルファスの膜が利用される.MBE 法によるエピタクシー人工格子を用いれば,より高い品質の X 線光学素子試料が得られる可能性はあるが,実用化にはいたっていない.

4 巨大磁気抵抗効果(GMR)

4.1 Fe/Cr 人工格子における GMR

1988年にフランスのグループは，Fe/Cr 人工格子の電気抵抗の磁場依存性を測定し，図30 のように大きな変化を観測した[62]．強磁性体の磁気抵抗効果としては，従来，異方性磁気抵抗効果(anisotropic magneto-resistance : AMR，コラム12 参照)が知られていたが，この変化はそれをはるかに越えるものであり，巨大磁気抵抗効果(giant magneto-resistance : GMR)と名づけられた．GMR は基礎研究面での興味に加えて，応用面でも大きな価値を持つものであったため，固体物性分野全般についてみても近年のもっとも強力なインパクトを持つトピックのひとつとなった．GMR のもたらした波及効果はまことに大きく，まさにブレークスルーという表現がふさわしい．以来，GMR に関連した人工格子研究が盛んに行われ，応用面でも人工格子に注目が集めら

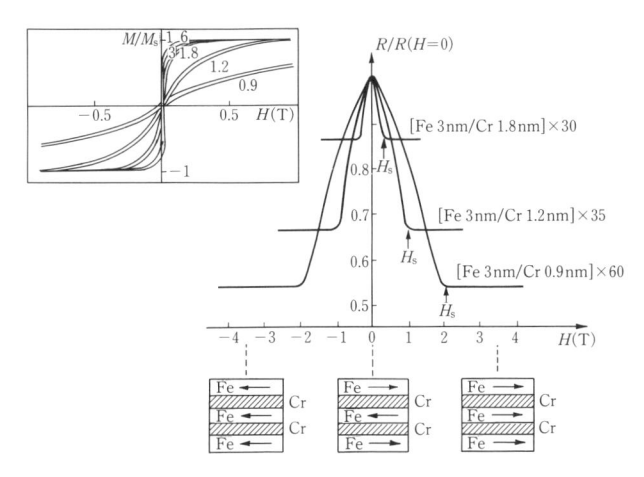

図30 Fe/Cr 人工格子の電気抵抗の磁場依存性(挿入図は磁化曲線)[62]

コラム 12 磁気抵抗(MR)効果

　一般に磁場によって電気抵抗が変化する現象は，すべて磁気抵抗(MR)効果と呼ばれる．したがって MR 効果は様々の現象を包含する術語である．磁場を与えたときに抵抗が増加する(減少する)場合を現象論的に正(負)の MR 効果と呼び，無磁場の値に比較しての変化量を MR 比という．

　強磁性金属合金の電気抵抗は，電流方向に対しての磁化の方向に依存することが古くから知られており，異方性 MR 効果(anisotropic magneto-resistance(AMR))と呼ばれている．すなわち磁化と電流方向が平行のとき，垂直に比べてわずかに抵抗が大きい．この現象は磁気モーメントを持つ原子の軌道角運動量の寄与，および磁性体内のローレンツ場の影響として解釈されている．AMR による抵抗変化は，NiFe(パーマロイ)の場合，室温で数パーセント以下の小さな値であるが，センサーとして役立っている．GMR は 1988 年に発見された新しいタイプの MR 効果である．AMR を磁気記録再生ヘッドとして利用しようとする，いわゆる MR ヘッドの開発は，GMR 発見以前から始められていたが，MR 比がはるかに大きい GMR が出現したので GMR を利用するセンサーの開発へと移行し，スピンバルブ方式を利用した GMR ヘッドが実用化されるにいたった．

　酸化物などによるバリア層を強磁性層でサンドイッチしたシステムで，トンネル電流を利用して測定される MR 効果はトンネル MR 効果(TMR)と呼ばれる．TMR によって室温で大きな MR 比が得られることが明らかになり，実用化への研究が進められている[65]．

れた[63]．まず GMR の発見から最近までの研究の推移を概観する．

　すでに述べたように，強磁性層と非磁性体からなる層を積層した人工格子の作製は 80 年代初めから盛んに行われてきたが，その伝導性を調べる研究は比較的少なかった．フランスのグループは Fe と Cr の組合せを選んで磁性体人工格子の研究を始めたが，その理由はドイツの Grünberg らのグループが行っていた Fe/Cr/Fe 3 層膜の研究[64]に注目したためである．彼らが強磁性 Fe 層の間に Cr 層をはさんだサンドイッチ構造の 3 層膜を調べ始めたもともとの理由には Cr 金属の磁性に対する興味があった．そもそもバルク状態の Cr 金属は，スピン密度波と呼ばれる長周期構造を持つ特異な反強磁性体として知られ

4.1 Fe/Cr 人工格子における GMR

ていたが，超薄膜においてどのような磁気的性質を示すのかは明らかではなかった．Cr が通常の反強磁性体のように 1 原子層ずつ方向が逆を向くスピン構造を持つとすれば，Cr 層を介する Fe 層の間の結合は，Cr 層数が奇数であれば強磁性，偶数であれば反強磁性的に働くと予想することができる．しかし得られた結果は当初の予想とは異なり，Cr 層がある特定の値のときに強い反強磁性的相互作用が働くことを見いだした．2 枚の Fe 層で Cr 層をはさんだとき，上下の Fe 層のスピン方向が平行や反平行の配置をとることはカー効果やスピン偏極光電子分光などによって確認された．Grünberg らはさらに電気抵抗の測定を行い，磁性層の磁化の向きが平行であれば反平行に比べると抵抗が低くなっていることを観測している．この内容は，物理的には以下に述べる GMR とまさに同等ではあるが，MR 効果，すなわち磁場による抵抗変化としては低温で 1.5% 程度に過ぎず，広く注目を集めるような大きさではなかった．

　GMR を発見した Fert をリーダーとするフランスのグループは，Cr 層を介して Fe 層間に働く結合に興味を持ち，Fe/Cr 人工格子の研究を始めた．その電気抵抗の磁場依存性を測定したところ，予想をはるかに越える衝撃的な MR 効果を見いだした．図 30 に見られるように 3 nm の Fe 層と 0.9 nm の Cr 層を 60 回積層した人工格子 [Fe 3 nm/Cr 0.9 nm]×60 の電気抵抗は，2 T の外部磁場を加えると，ほとんど半分近くに減少している．図に示した結果は低温の測定であるが，室温でもその変化は約 17% に達しており，従来知られている AMR 効果よりもはるかに大きい．彼らはこの結果を 1988 年にパリで開催された国際磁気学会(ICM)で初めて紹介するとともに，巨大 MR 効果(GMR)と名づけて Physical Review Letters に発表した[62]．同じ図の中に挿入されている磁化曲線を見ると，この抵抗変化が磁気構造と関連するものであることがただちに想像される．大きな MR 効果を示す試料，すなわち Cr 層が 0.9 nm の場合は，特に磁化曲線が飽和しにくくなっており，Cr 層を介した Fe 層間に反強磁性的結合が存在することを示唆している．反強磁性層間結合の存在を念頭におけば，無磁場では強磁性 Fe 層の磁化の方向は 1 層おきに逆を向いた，いわば巨大反強磁性スピン構造が形成され，外部磁場がその結合を破るほ

どに大きくなれば全体の磁化が平行に整列して飽和する,というイメージが描ける.全体の磁気構造が平行であれば電気抵抗は小さく,反平行磁気構造はスピンが乱れた状態に対応するために抵抗が増大するであろうことは定性的には容易に納得できる.しかし量的にこのような大きな変化が現れることは,それまでには予想されていなかった(コラム13).

GMR発見からまもなく,Fe/Cr人工格子における各Fe層の磁化が反平行の配置をとっていることは中性子回折を用いて直接的に証明された[66].図31に示す回折ピークは人工格子周期の2倍に対応しており,磁化が反平行配置をとっていることの証明である.この長周期ピークの強度は外部磁場の増加につ

コラム 13　GMR効果の発見

1988年にフランスのグループがPhysical Review Lettersに発表したFe/Cr人工格子の磁気抵抗効果に関する実験結果は大きな反響を呼び,90年代のもっとも引用度の高い文献のひとつとなった[62].低温で約80%,室温でも20%に達するMR比は従来のAMR効果とは桁違いの大きさであり,Giantという呼び名,すなわちGMRは適切な命名として受けとめられた.通常は,この文献をGMRの発見とみなしている.一方,ドイツのGrünbergらは,GMRの研究はドイツで行われたFe/Cr/Fe3層構造膜の研究を参考に行った内容であり,GMRの発見は「ドイツおよびフランスの研究による」と記録されるべきであると主張している.フランスの研究がドイツの結果を参考にして行ったものであることは当事者も認めている.ドイツの論文にMR効果の測定も含まれており,GMRの原理はすでに理解されていたといえる.物理の研究内容としてはむしろドイツの研究が先行した.しかしドイツでのMR効果の測定ではヘリウム温度での変化が約1.5%であり,大きな注目を引くにはいたらなかった.非常に大きなMR比はフランスの研究で初めて見いだされたものであり,そのインパクトが広範囲におよんだ理由はやはり室温でのMR比の大きさにある.ドイツの研究は学術的には先行し,高い価値を持つことは明らかであり,しかもフランスの研究に直接的に影響を与えた.しかし,大きなMR効果はフランスで人工格子試料を作製して磁気抵抗を測定したことによって見いだされたものであり,GMRがフランスで発見されたという表現は妥当であると考えている.

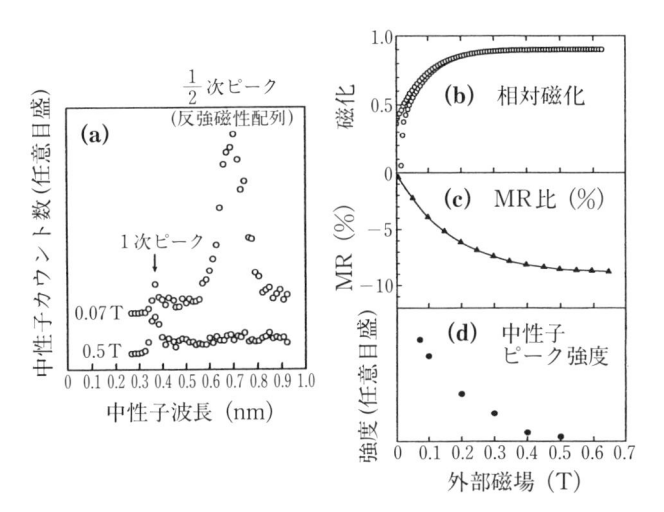

図31 Fe/Cr 人工格子の中性子回折[66] [Fe 3 nm/Cr 1.2 nm]×n
（a）中性子回折スペクトル（time of fight 法）．外部磁場が 0.07 T のとき，Fe 層の磁化の反平行配置に対応するピークが見られるが，0.5 T のときは消失する．
（b）磁化曲線．（c）MR 変化．（d）中性子ピーク強度．

れて減少し，磁化の飽和とともに消失する．すなわち外部磁場の増加によって磁化が反平行から平行へと向きを変えているという磁気構造の変化を証明している．この結果は，反平行磁化配置が崩れ，平行磁化配置に変化することが抵抗減少の原因であり，反平行磁化の規則度と抵抗値の増加はよく相関していることを示している．このように層間結合が原因で多層構造膜の中で磁化が反平行となる例は，GMR の発見の直前にスペインのグループが Co/Cu 人工格子[67]について報告しているので Fe/Cr が最初の例ではない．しかし GMR の発見以前には一般に層間結合はごく弱い相互作用と考えられており，人工格子において反平行磁化配置が存在するというイメージを持つことは困難であった．強い層間結合の存在によって，自発的に反平行磁化配置が実現していることが認識されるようになったのは GMR 発見以後である．

　Fe/Cr 人工格子における GMR の発見が提起した問題は次のふたつに要約

される．ひとつは層間結合のメカニズムであり，いまひとつはスピン依存散乱についてである．まもなくCo/Cu人工格子においても大きなGMRが発見され，その後のGMRの実験的研究はFe/CrとCo/Cu人工格子を代表例として展開された[68]．スピン依存散乱によってGMRのメカニズムを説明するための基礎研究が進展する一方，応用面では小さな磁場で敏感に反応するMR効果を求める研究が活発に行われ，さらにその成果は極めて素早く実用化に結びついた．一方，層関結合については，そのメカニズムの解明に多くの研究者が引きつけられたが，スペーサ層の厚さに対して結合の強さが振動するという，これまた予想もしなかった現象の発見によってドラマティックな研究の展開が始まった．

　まずスピン依存散乱について考える．通常の金属の電気伝導性の議論ではスピンの役割は無視することができるが，GMRのメカニズムの説明には伝導電子のスピンを考慮し，upとdownの二種類のスピンが別々の伝導性を持つとする二電流モデルを用いる必要がある．磁化の方向には$+z$方向と$-z$方向の二種類があるとし，upスピンの電子は$-z$方向の磁性層にぶつかるときには散乱されないが$+z$方向の磁性層との界面では散乱されるとする．逆にdownスピンは$+z$の磁性層では散乱されず，$-z$方向の磁性層界面で散乱されて抵抗の原因を作ると仮定する．このように伝導電子がスピン方向に依存して散乱確率が異なる現象をスピン依存散乱と呼ぶ．磁化が反平行配置をとり，1層おきに逆を向いているとすると，upスピンもdownスピンも2層以内に逆向きの磁性層が存在することになり，平均自由行程は常に極めて短くなる．一方，磁化がすべて$+z$方向に向いて平行の配置をとった場合，upスピン電子は各磁性層で散乱されるが，downスピン電子を散乱する磁性層は存在せず，極めて長い平均自由行程を持つことになる．upとdownスピンの二種類の電流の並列回路とする二電流モデルを仮定して人工格子の抵抗を考えると，平行磁化配置ではdownスピンによる伝導性が非常によいことが影響して，磁化が反平行配置をとっている場合に比べると全体としての抵抗はかなり小さくなる．磁気構造を平行，反平行を変化させることができるとすると，upスピンとdownスピンの散乱確率の差が大きければ大きいほど，大きなMR比が

4.1 Fe/Cr 人工格子における GMR

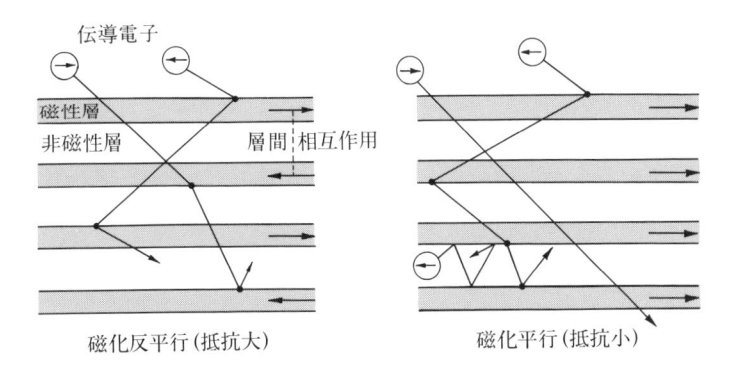

図 32 スピン依存散乱による GMR 効果発生の説明図(丸印は電子，矢印はスピン方向を示す)

作りだされる(**図 32**)．

　磁性体中の電流が磁気構造の影響を受けること自体は古くから認識されていたが，一般的にその効果はごく小さいと思われていた．また人工格子の多層構造が抵抗に影響を与えるにしても，周期構造に垂直の電流について測定できればいざしらず，電流方向が膜面内にあって，周期構造に平行に流れる電流の場合，大した効果が発現されることはなさそうに思われた．しかし，測定結果は強い反強磁性層間結合の存在を示唆するとともに，スピン依存散乱が予想もしなかった大きな MR 効果を生み出すことを示した．GMR の発表直後にはその結果に疑問を持つ人も多かったが，約 1 年後には Fe/Cr についての再現性の確認とともに，Co/Cu などその他の系の人工格子の GMR の発現が報告され，GMR という現象に対しての概念は確立された．人工格子の示す大きな MR 比は応用面でも注目され，特に磁気記録再生ヘッド[*1]への利用は当初から期待されたが，Fe/Cr 人工格子による最初の GMR 効果の発表では MR 効果を引き起こすために必要な外部磁場が大きすぎるので，実用化への開発はただちに

[*1] 磁気記録媒体の表面の微小な磁束の変化を検知し，記録を読出すためのセンサーをヘッドという．MR 効果を利用して，磁気的情報を電気的情報に変換する方式のヘッドが MR ヘッドである．

は進展しなかった.この点は約2年後の非結合型 GMR(4.3 参照)の出現によって事情は大きく変化し,実用化への開発研究が盛んに行われるようになった.Fe/Cr 人工格子の GMR の波及効果がまことに大きいものであったことは,Baibich らの最初の論文がノーベル賞クラスの引用回数を記録していることが証明している.

4.2 結合型 GMR と層間結合

Fe/Cr 人工格子の GMR の報告を見て,世界中でまずその再現性の確認が行われ,さらに別の物質系でも類似の現象が存在するのかどうかの探索が始まった.そしてまもなく,Co/Cu 人工格子が非常に興味深いシステムであることがフランスとアメリカでほぼ同時に見いだされた[68].Co/Cu の MR 比は Fe/Cr をしのぐほどに大きな値を示す一方,飽和磁場は Fe/Cr よりは小さく,実用化への期待を芽生えさせた.一方,物理現象として大変興味深いのは,大きな MR 効果が特定の Cu 膜厚で出現するという発見であった.**図 33** は Mosca らによる Co/Cu 人工格子の MR 効果の Cu 層厚依存性の報告であるが,Cu 膜厚に対して MR 比が振動的に変化することが明瞭に示されている.

Parkin らはスパッタ法を用いて Co と非磁性金属からなる人工格子の多数

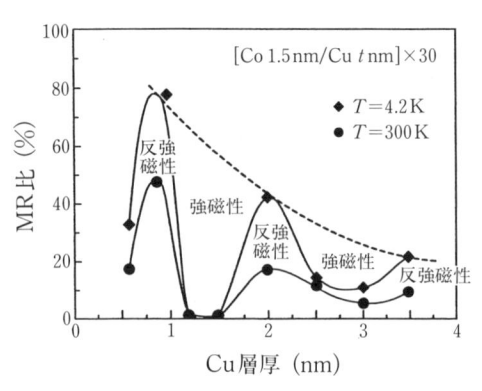

図 33 Co/Cu 人工格子の MR 比の Cu 層厚依存性(4.2 K および 300 K)[68]

4.2 結合型GMRと層間結合

の試料を系統的に作製し，MR効果を測定した結果，振動現象はかなり一般的に起きる現象であり，多くの非磁性物質についてMR比の極大値が1～2 nmの膜厚で見られることを示した[69]．このような，MR比が膜厚に対して振動的に変化する現象は全く予想されていなかった．そのため，これらの報告は極めて大きな衝撃を与えるものとなり，以後の金属薄膜の物性の理解を数段深めさせるきっかけとなった．すなわち，ここでGMRのメカニズムの理解の一環として，数nmの厚さの非磁性金属薄膜の電子状態を理解する必要に迫られることになった．層間結合に関連して磁気構造を究明する立場からいえば，磁性層の磁化が平行か反平行かを簡単に判別する手法がMR測定であり，GMRを利用した電気抵抗測定が磁気構造を安直に判定し，層間の反強磁性結合の存在を証明する手段として利用される格好になった．磁性層が反平行の配置をとる場合に電気抵抗が顕著に増加する現象がGMRであることから，非磁性層の厚さを変えながらMR比の変化を調べ，MR比の増加を反強磁性結合の存在の証拠とみなすようになった．

　GMRの研究はさておいて，層間結合のメカニズムを調べることが目的であれば，多層構造の人工格子試料がなくても強磁性/非磁性/強磁性の3層構造で十分である．むしろその方が結晶性の高い試料の作製という点では優れている．さらに非磁性層の厚さをゆるやかに変化させた，いわゆるウェッジ構造の試料を用いれば，ひとつの試料で層間結合の層厚依存性が系統的に測定できる(コラム14)．具体的には，ウィスカーなどの単結晶表面を利用し，Fe/Au/Feなどの配向性のよい3層構造膜が作製されている．試料中のAu膜厚は1 mmの距離の中で厚さを1 nm増加するというような割合で，連続的かつ直線的に変化させる．この試料の表面にカー効果や偏向電子線の測定を適用し，スピン方向を調べると，膜厚に対する振動現象が確認される．スピン構造が規則的に変動していることを明瞭に示した一例は，図33である．非磁性層ばかりではなく，磁性層もウェッジ構造にした二重ウェッジ試料(図34(b)参照)も可能である．磁性層厚に対しても，層間結合が振動的に変化することが観測されている[71]．

コラム 14　ウェッジ型試料

　Wedge はくさびを意味し，ゴルフ用具としてなじまれている英語である．非磁性層を介して強磁性層間に働く相互作用，いわゆる層間結合は GMR と関連して重要な課題となり，非磁性層厚に振動型依存性を示すことが知られてからさらに活発な研究が行われるようになった．[磁性/非磁性/磁性] サンドイッチ 3 層膜において，層間結合が非磁性層厚にどのように依存するかを知るためには，非磁性層の厚さが徐々に変化する試料が有効である．Pierce らはフラットな表面を持つウィスカーを基板とし，Cr/Fe/Cr 3 層構造における Cr 層の厚さが数 mm の距離で数 nm 変化するウェッジ試料を作製した[70]．実際には蒸着中にシャッター位置を徐々にずらして厚さが傾斜した層が作られる（**図 34**）．下方の Fe 層の磁化が一方向に飽和しているとき，上方の Fe 層の磁化方向を調べ，Cr 層の厚さに依存して振動的に変化していることを観測して

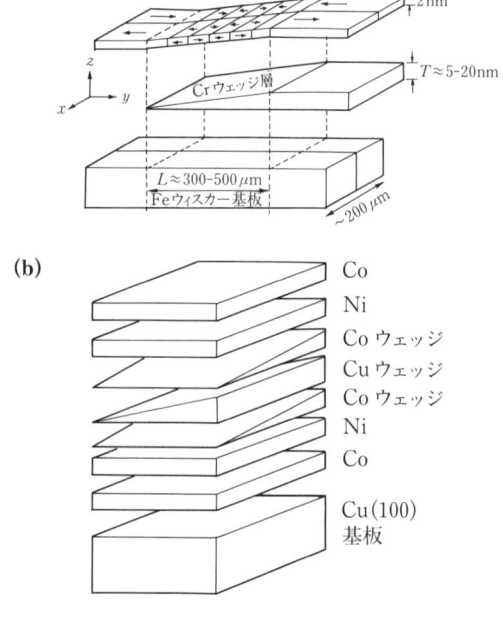

図 34　ウェッジ型試料構造の説明
　（a）Fe/Cr-ウェッジ/Fe．（b）二重ウェッジ試料．

いる．厚さが徐々に変化するところからウェッジの名がつけられており，ひとつの試料で系統的な結果が得られている．

　ウェッジ試料内で，異なった層厚に対応して各場所でのヒステレシスカーブを測定するには，ごく小さな面積部分に限定して適用できるレーザー光や電子ビームなどが用いられる．一方，異なった層厚に対応した電気伝導性の測定をひとつの試料で行うことは困難であり，作製した試料を切断するなどの工夫が必要である．

　層間結合の強さは磁性層の厚さにも依存する．すなわち磁性層の両側の界面で反射された伝導電子の干渉によって層間結合が影響を受ける．非磁性層および磁性層の厚さを変数とする測定を一度に行うために図34のようなダブルウェッジ試料が用いられた．ウェッジ試料を利用した層間結合の研究は短期間に集中して多くの場所で行われ，一段落した感もあるが，ウェッジ試料を利用する研究は方法論的には確立された手法となり，今後も必要に応じて利用されることは確実である．

　層間結合を議論するためには，当然，非磁性金属が形成するスペーサ層の電子状態の理解が前提となるが，CuやAuなどの典型的貴金属元素の場合はバルクのバンド構造がほぼ解明されているために考えやすい．層間結合の結果をみると，かなり薄い(たとえば1nm程度の厚さの)薄膜においてもバルクに近いバンド構造が維持されていると考えてよさそうである．かなり膜厚の小さい金属薄膜の中では，膜に垂直方向に移動する電子は界面で反射され，量子井戸構造が構成される．フェルミ球の形から膜垂直方向に伝播する電子の波長を求めると，定在波が形成される可能性のある膜厚が推定される．実際に反強磁性層間結合が強まる層厚は，この考察によって予想される厚さとかなりよく合っていることが確認されている[72]．つまり非磁性金属層内の伝導電子が量子井戸状態を形成するために，適当な層厚のときに強い層間結合が発生し，結果的にMR比は非磁性層厚に振動型依存性を示すと理解されている．

　遷移金属をスペーサ層とする場合は，フェルミ球の構造が複雑で電子状態の議論が困難であり，また大きなMR効果が得られていないという事情もあって，層間結合の詳細の議論はあまり進んでいない．GMR研究の発端であるCr層は現象論的には非磁性金属と共通する面を多く示すが，Cr自身が磁気秩

序を持つためにかなり状況が異なっており，まだその理解は十分ではないのが実情である．Crの超薄膜の磁性は最近も活発に研究されており，その内容はコラムで紹介する(コラム15)．

　層間結合の理解はさておき，強磁性/非磁性/強磁性の多層構造において強磁性層の磁化が平行/反平行と変化するときの電気抵抗の相違，すなわちGMRに問題を戻そう．MR効果が工業的応用への可能性を持つ以上，さらに大きなMR効果を実現するにはどのような物質系が適当か，あるいはどのような膜構造が望ましいかという課題に興味が集まるのは当然である．より大きなMR比を求める観点から，種々の金属を組合せた人工格子の合成が試みられ，多くの組合せにおいてGMRが観測されたが，MR比についていえばすでに述べたFe/CrおよびCo/Cuがもっとも大きな値を示し，それを凌ぐ物質系はいまだ見いだされていない．スピン依存散乱の意味についてはすでに紹介し定性的な説明を述べたが，そのメカニズムはまだ理論的に十分理解されたとはいいがた

コラム 15　Cr薄膜の磁気構造

　GMRが最初に発見された物質はFe/Cr人工格子であり，その研究の発端にはCr金属の持つ特殊な反強磁性が超薄膜でどのように変化するのかに対する興味があった．GMRの研究は多方面に進展したにもかかわらず，Cr層そのものについての情報は乏しく，その磁性は最近まで明らかではなかった．Cr層を通じての層間結合は多くの研究者が取り組んだが，Cr層そのものに興味を持つグループはごく限られており，当初はCr層自体は非磁性ではないかという説もあった．中性子，ガンマ線あるいはメスバウアー効果による測定で反強磁性秩序が存在し，そのネール温度は室温よりかなり高いことがわかった(図35)．

　バルクのCr金属自体は室温付近のネール温度を持つ反強磁性体であることは知られているが，格子の伸縮，歪み，欠陥あるいは不純物に敏感で，しばしばネール温度が大きく上昇する．したがって超薄膜の状態ではバルクの磁性とはかなり異なっていてもふしぎではないが，通常の実験手段ではその解明は困難で，特に強磁性体と共存した状態では不可能である．

　Cr薄膜における反強磁性秩序の存在は中性子回折によって観測され，膜厚

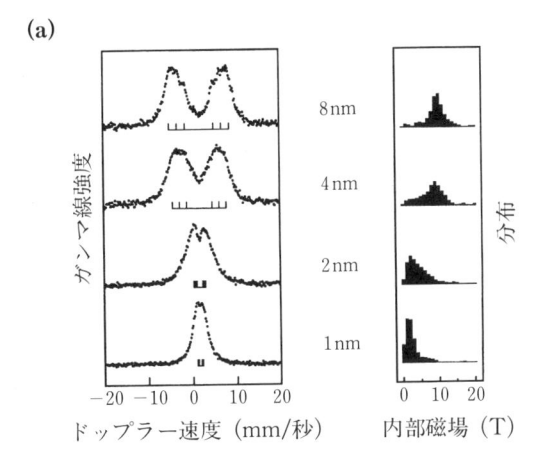

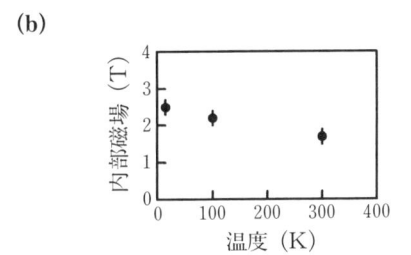

図35 Fe/Cr 人工格子における Cr 層中の ^{119}Sn 単原子層のメスバウアースペクトルの例(図中の数値は Cr 層の厚さ, ^{119}Sn 層は Cr 層の中心に配置)[73]

の減少とともにネール温度はむしろ上昇することが報告され, Cd 核を利用したガンマ線の角度相関測定でも内部磁場が観測された. Cr 核のメスバウアー測定はできないが, Sn 核をプローブに利用するために Sn 単原子層と Cr 層からなる人工格子の測定を行ったところ, Sn 核には大きな内部磁場が観測され, Sn に隣接する Cr 原子には大きな磁気モーメントが存在することが示唆された. Fe/Cr/Sn/Cr からなる人工格子では Sn の内部磁場は減少し, 強磁性 Fe 層の Cr 層への近接効果は磁気モーメントを減少させることがわかった[73].

やや厚い Cr 層と, 1 原子層の Sn からなる人工格子において, Cr 層にはスピン密度波状態が形成され, Sn と接する Cr 原子がモーメントが最大のスピン密度波の「腹」に対応していると考えている.

い．たとえば Co/Cu の場合，伝導は主として Cu 層が担っているので，スピン依存散乱の原因となるのは界面層の Co であると考えられる．Co 層の最表面から突き出たかたちの Co 原子があるとし，Cu 層に対しては不純物の役割，つまり電気抵抗の原因となっているとしよう．この Co 原子は Co 層から分離しているわけではないので，スピン方向は Co 層と同じ up に固定されている．したがって伝導電子の中の down スピンのみを散乱するというスピン依存散乱を生じさせる．このような散乱の原因となる Co 原子が各界面に存在するが，Co 層がすべて平行であれば down スピン電子のみが散乱されるのに対し，Co 層が反平行であれば Co 原子のスピンも 1 層おきに逆向きとなり，両方のスピン，つまりあらゆる電子に対して散乱中心として働く．スピン依存散乱が主として界面で起きることは実験的にも裏付けられている．

　界面での電気抵抗は，強磁性体と非磁性体のバンドがどのように接合されるのかという問題と，界面の微細な構造が絡み合ったものであり，MR 比を増大させるには界面の制御は極めて重要である．現実の界面は多かれ少なかれ結晶の不完全性を含んでおり，ラフネスとして表現することもできる．MR 比を最大にするためには，基本的抵抗はあまり増加させずにスピン依存散乱を大きくすることが望まれ，そのための最適のラフネスが存在するはずである．MR 比とラフネスの関係を調べようとする研究もすでにいくつか提出されているが，まだ結論にはいたっていない．ラフネスにはいろいろの種類があり，そのスケールも原子サイズからマクロまでさまざまである．ラフネスを系統的に変化させた試料の作製が非常に困難であり，そのラフネスの度合いを数値的に表すことも簡単ではない．しかもラフネスが変化するとスピン依存散乱確率だけではなく，層間結合にも影響を与える．磁化平行状態は強磁場を加えれば実現できるとしても，完全な反平行状態が実現できなければ MR 比の定量的議論は不可能になる．ラフネスと GMR 効果の関係を実験的に解明することにはかなりの困難がある．

4.3 非結合型 GMR

　GMR の発見がヒントとなって，さらに新しいタイプの MR 効果を探索する研究が始められ，まず非結合型 GMR を示す人工格子の作製が行われた．すでに述べたように Fe/Cr 人工格子では，Cr 層を介して Fe 層間に反強磁性的結合が存在するために磁性層の磁化が反平行に配置されており，磁場によって平行に整列させるときに抵抗の減少，すなわち GMR が生じる．つまり，GMR の原因は層間結合の存在にある．それに対し，非結合型人工格子では保磁力の異なる二種類の磁性層を積層し，保磁力の差を利用して磁化反平行状態を作らせようとするものである．磁気層にはソフトな磁性を示すパーマロイ($Ni_{80}Fe_{20}$ の合金で異方性エネルギーが小さい物質の代表として知られている)と，ややハードな Co を用い，スペーサが Cu からなる人工格子を作製して電気抵抗の磁場依存性を測定した結果が**図 36** である[74]．磁性層をそれぞれ独立に磁化反転させるためには層間結合が無視できる程度に小さくする必要があり，そのためにはスペーサ層の厚さを非常に薄くすることはできない．すなわち層間結合が存在しないことが必要条件となる．図 36 の磁化曲線を見ると，二種類の磁性層が別々の磁場で反転することを反映して，二段の変化を示している．電気抵抗の磁場依存性では，ちょうど一方の磁性層のみが反転し，結果的に二種類の磁化が反平行になった領域で顕著な増加を示している．すなわち磁気構造が平行-反平行の変化を起こせば，そのメカニズムは異なっていても抵抗に変化が生じることを示しており，層間結合の存在が GMR の必要条件ではないことがわかる．なお，非結合型人工格子の磁化過程でも反平行の磁気構造が本当に実現していることは，やはり中性子回折を用いて確認されている[75]．

　結合型 GMR 人工格子において，磁化を反平行から平行に再配列させるには層間結合を打ち破るために，ある程度以上の大きさの磁場が必要である．そのために，MR 効果としてみたときには，磁場変化に対して敏感なセンサーを得ることは困難である．人工格子の多層構造は大きな MR 比を示す長所があり，比較的層間結合が小さい人工格子の GMR 効果を利用して自動車の回転数など

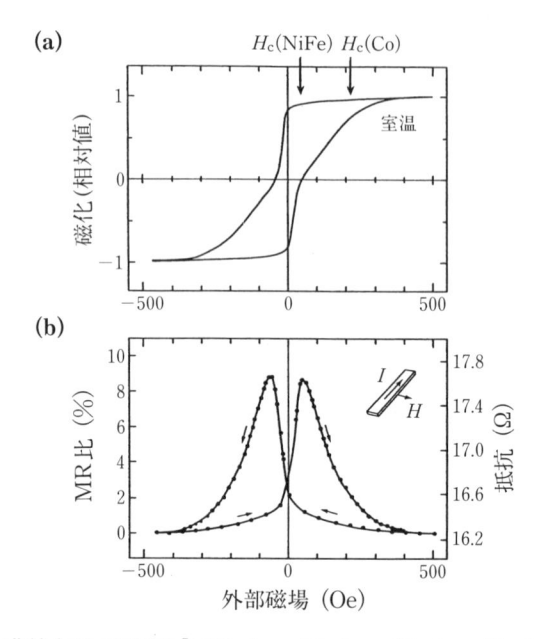

図36 非結合型 GMR[74] [NiFe 3 nm/Cu 5 nm/Co 3 nm/Cu 5 nm]×15
（a）磁化曲線．（b）電気抵抗の磁場依存性（室温）．

を計測するセンサーが実用化されている．しかし，磁気記録再生ヘッドなどの場合は非常に微小な磁場を敏感に検知する必要があり，結合型 GMR は適当ではない．それに比べて非結合型 GMR では，一方の磁性層にソフトな物質を利用すると磁場感度を上昇させることができる．図36の抵抗の変化は 10 Oe の領域で急峻であり，図30の場合とは磁場のオーダーが違っている．このような非結合型人工格子の実験結果から，GMR という物理現象が実用上の価値が高いものであることが認識され，ヘッド材料としての開発が始まった．

磁気記録再生ヘッドに GMR を利用する試みは，実は多層膜ではなく，2枚の磁性層からなるサンドイッチ構造膜を用いることによって成功した．非結合型人工格子と同じ時期にアメリカで発表されたサンドイッチ構造膜は，スピンバルブと名づけられ，GMR 発見から10年を経ずして磁気ヘッドとしての商品化がなしとげられた[76]．4.5節でスピンバルブについての解説を行う．非結

4.3 非結合型 GMR

合型人工格子を用いた実験が GMR 効果の特徴を理解するために有用な結果を与えることをこの節で紹介しておく．

結合型 GMR は層間結合の存在が必要条件であるが，すでに述べたように層間結合は特定の膜厚について出現する．したがって膜厚に対して連続的に MR 比の測定点を得ることはできない．一方，非結合型 GMR では，結合が生じる限界の薄さにいたるまでは非磁性層厚は自由に選択できるため，MR 比などの測定量を膜厚に対し連続的にプロットすることが可能である．したがって非結合型人工格子から GMR のメカニズムの議論などにとって重要な情報を得ることができる．GMR が界面状態に非常に敏感であり，スピン依存散乱は主として界面で起きることを示している実験例が**図 37** である．試料の基本的構造は，磁性層はパーマロイと Co，非磁性スペーサ層に Cu を用いた非結合型人工格

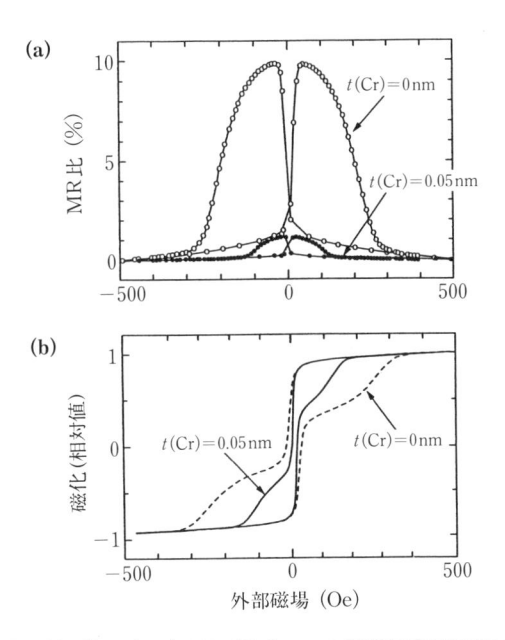

図 37 非結合型人工格子 [Co/Cu/NiFe/Cu]×n の磁性層各界面に 0.05 nm の Cr 層を配置したときの変化（Cr 層のない場合との比較）[77]
(a) MR 効果．(b) 磁化．

子である.磁性層の表面に0.05 nmのCr層を加えて界面の構造を修飾した場合の変化が図に示されている.磁化曲線は二段の変化をしており,非結合型の特徴,すなわち保磁力差による反平行磁化過程が実現されている.表面Cr層の影響で保磁力が減少しており,磁化曲線にはシフトが見られるが,本質的な特徴は変わっていない.しかし抵抗測定の結果には大きな変化があり,Cr単原子層による界面修飾の効果によってGMRがほとんど消失している.この変化はCr層の量がわずか0.05 nm,すなわち単原子層以下であることを考えると驚異的であり,スピン依存散乱はほとんど界面サイトで起こると考えなければならないことを示している[77].

Cr以外の3d金属についても同様の測定が行われており,スピン依存散乱に元素の種類が鋭敏に影響している.強磁性であるFe, Co, Niについては,表面での磁気モーメントの大きさがMR比に反映されており,スピン依存散乱には表面の磁気モーメントが支配的な影響を与えるという理論的考察[78]を支持している.界面第1原子層の磁気モーメントをできるだけ大きくし,磁気的にシャープな界面が形成することが大きなMR比につながることが示されている.界面に拡散層が存在し,化学組成として界面がシャープでなければ磁気的にもブロードになり,その結果スピン依存散乱確率は減少する.磁気モーメントが強磁性層とは逆を向いていると思われるMnやCrではスピン依存散乱は著しく減少し,特にCrでは顕著である.このようなMR比の変化は,表面磁気モーメントの変化と,界面の微視的な構造上の変化に複合的に依存すると考えられる.磁性層の表面第1層のスピン構造がGMR効果を支配していることを実験的に明らかに示している.

反平行磁化配置を人工的に作り出すための条件を考えると,非結合型人工格子は結合型に比べて非磁性スペーサ層の層厚に関しての束縛が少ないことはすでに述べたが,単に反平行構造のみではなく,非結合型では角度配置に対応する構造も実現することができる.その長所を利用して,磁性層の相対的角度のGMR効果の関係を検証した実験が**図38**である.

ハードな磁性層(Co)とソフトな磁性層(NiFe,パーマロイ)からなる非結合型人工格子において,ソフト磁性層のみが方向を変えうる程度の外部磁場を与

4.3 非結合型 GMR

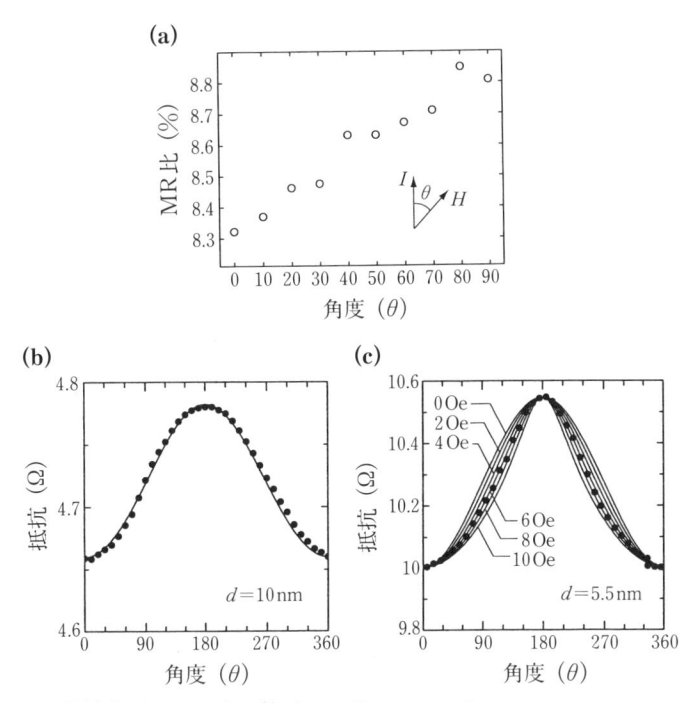

図 38 （a）非結合型 GMR 人工格子における AMR[80].
（b）Cu スペーサ層の厚さが 10 nm のときの MR 比の外部磁場方向依存性（すなわち磁性層間の角度）.
（c）スペーサ層厚が 5 nm のときの MR 比.

えると，結果として二種類の磁化の間に角度ができ，外部磁場の方向を変えることにより角度を制御できる．GMR がスピン依存散乱に基づくとし，二種類の磁性層が非磁性層で隔てられ，それらの磁化が角度 θ をなすとき，電気伝導度の中でスピンに依存する部分は $\cos\theta$ に比例するという Slonczewski の理論的考察がある[79]．なお，AMR の効果が重畳すると事態が複雑になるので磁化どうしには角度を持たさない状態で電流方向を関数として MR 比を測定し，あらかじめ AMR の寄与を見積もるための測定が図 38(a) の曲線である．およそ 0.5% が AMR によって引き起こされる MR 効果であることが観測された．この AMR 効果による変化は GMR に比べるとかなり小さく，以後の

議論では無視できる．AMR は磁性体内を電流が流れるときの効果であり，NiFe は大きな AMR 効果を示すことが知られているが，非結合型 GMR の実験では電流は主として非磁性スペーサの Cu 層を流れるために AMR の影響は小さい．

それでは強磁性層の間の角度の対する GMR 効果を調べてみよう．NiFe 層のみが磁化の方向を変え，Co 層の磁化は安定している程度の小さな磁場を与えて電気抵抗の変化を調べた結果が図 38(b, c) である[80]．

上の図の(b)の測定値は $\cos\theta$ によく合っており，Slonczewski の理論的考察が正しいことを実験的に証明している．一方，(c)の曲線はかなり $\cos\theta$ からずれているが，NiFe 層の磁化の方向が完全には外部磁場方向に向いていないと考えると説明できる．すなわち，Co 層と NiFe 層の間に直接的結合が働き，NiFe 層の磁化が多少束縛されているためと考えられる．図中の曲線は，NiFe 層の磁化が Co 層から受ける磁場を仮定した理論線であり，6 ないし 8 Oe が実験結果に近い．すなわち，NiFe 層が Co 層から約 7 Oe の交換結合磁場を受けているとすると，理論と実験は定量的にも満足できる程度の一致を示す．この試料に関する限り，磁性層間に全く結合がない状況を作るにはスペーサ層の厚さが 5 nm では不十分で，10 nm は十分な厚さであることがわかる．このように磁気構造を制御するモデル実験は非結合型人工格子の特徴を生かしたものといえよう．

GMR 研究を物質開発の面から見ると，どのような物質をどのようなデザインで組合せれば，より大きな MR 比が得られるか，の探索が重要な課題である．非磁性スペーサ層の選択に関しては，強磁性層と非磁性層の界面でのスピン依存散乱確率という本質的な問題はもちろん重要であるが，膜の均一性や結晶性といった試料作製面での技術的な問題も関係する．非結合型 GMR では磁性層間の結合を無視できる程度に小さくすることが必要条件であり，そのためのスペーサ層厚の最小臨界値が存在するはずである．一方，MR 比を大きくするには，結合を生じさせない範囲でスペーサ膜厚を最小にすることが望まれる．図 39 はスペーサ層厚を関数として MR 比の実測結果を表した一例である[81]．ここでは典型的金属である Cu, Au, Ag を比較しているが，結合が生

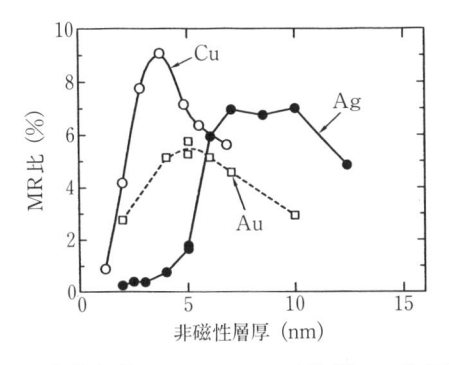

図39 非結合型 GMR のスペーサ物質への依存性[81]

じない最小膜厚という面で Cu がもっとも優れており，結果的にもっとも大きな MR 比が得られている．Ag の場合は膜厚 10 nm で結合の影響が現れるが，試料の品質，たとえばピンホールの存在などが考えられ，金属の本質的な性質とはいえない可能性があって，臨界膜厚値についての最終的な結果とはいえない．10 nm の膜厚で比較すれば，Ag は Cu よりも MR 比が優れており，異なった試料作製法による Ag 層は違った結果を与えるかもしれない．しかし次に述べるように，スピンバルブ方式によるヘッド材料の開発においては Cu がスペーサ層として採用されており，現実には Cu が最適のスペーサ材料として受け入れられている．強磁性層の物質選択，ないしは構造のデザインについてはスピンバルブと問題は共通しており，4.5 節でさらに考察する．

4.4 熱伝導度の磁場効果

スピン依存散乱が原因で電気抵抗が変化する現象が GMR であるが，その影響は熱伝導性にも見ることができる．伝導電子は電気伝導をつかさどるばかりではなく，熱エネルギーの伝播にも関与するので，GMR と同じ意味の現象が熱伝導性にも現れる．図40に同じ試料の電気抵抗と熱伝導度が示されている[82]．電気伝導の磁場依存性は，すでに図36に紹介されたものと類似しているが，ここでは低温の結果を合わせて示しており，非結合型 GMR でも低温で

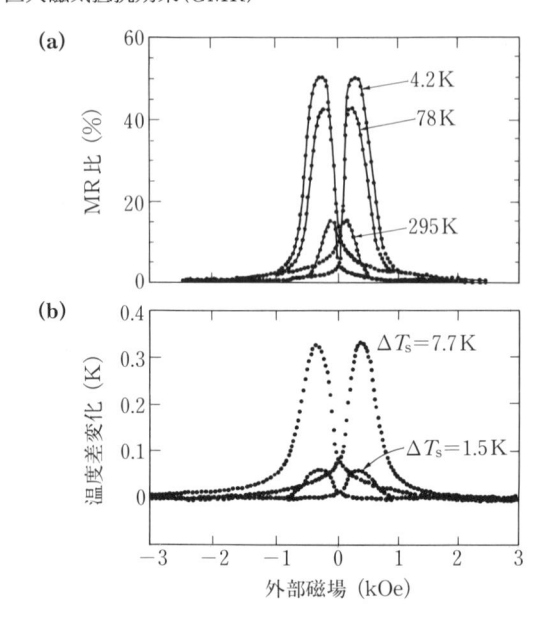

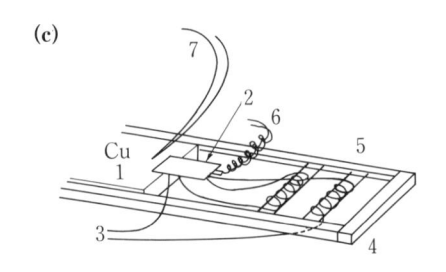

図 40 人工格子の熱伝導性の磁場変化[82]
(a)非結合型 GMR．(b)熱伝導度の磁場依存性．(c)測定装置の概略．
1．Cuブロック，2．試料，3．熱電対(温度差測定用)，4．ベークライト架台，
5．ナイロン糸，6．微小ヒータ，7．熱電対(温度測定用)

は MR 比が大きく増加する．スピンに依存しない抵抗はフォノンや格子欠陥によるものであり，低温で電気抵抗が減少するのは金属の一般的性質である．一方，スピンに依存する部分は磁化に比例するので低温ではむしろ増加する．そのため MR 比としては低温で大きくなり，容易に 50%を越える MR 比が実

現する．

　次に熱伝導度を見よう．その測定装置は図40(c)のような配置をとっている．試料の一端を冷却し，他端には小さなヒータを付け，一定の温度差を生じさせる．すなわち熱流を一定とみなせる状態にした後，磁場を掃引し，温度差の変化を観測する．試料の熱伝導度がよくなれば温度差は減少し，悪くなれば逆に増加が見られるはずである．図40は試料近辺の温度が10 K，試料内の温度差を7.7および1.5 Kに設定した結果である．いずれも顕著な磁場依存性が観測されており，電気抵抗の変化とよく対応している．すなわち，スピン依存散乱の影響で電気抵抗に増加が見られるときには，同じ電子の振る舞いが熱抵抗にも反映されて抵抗を増加させていることがわかる．実際に観測された温度変動は，温度差を7.7 Kに設定した場合で約0.3 Kであった．この変化量を熱抵抗の絶対値に換算することは単純ではないが，推定した結果では約45％の増加となり，電気抵抗が51％の増加を示しているのに比べると若干小さい．この数値は，低温での熱伝導は大部分が伝導電子によっているとすれば妥当と思われる．高温では格子振動などスピンに依存しない熱伝導度が増加し，相対的に磁場依存性は減少するが，室温でも熱伝導度が磁場によって変化することが観測されている．熱伝導性が磁場依存することは容易に理解できることであり，電気伝導性におけるGMRと同じ現象が熱伝導性についても起こっていると考えればよい．したがって物理的に新奇な現象を発見というにはあたらないが，あらゆる物質を通じても熱抵抗が磁場によって変化する様子を実験的に明らかにした例はほとんどないという点で興味深い．しかしこの現象を応用面で活用することは困難である．熱伝導性が，もっと極端な変化をしなければ工業的に役立てることは難しい．また，試料が厚い基板上の超薄膜の形状としている限り，応用の可能性はなさそうである．

4.5　スピンバルブ

　MR効果を磁気記録再生ヘッドとして利用しようとする場合には，微小な領域の弱い磁場変化を検出する必要があり，そのためにはMR効果の磁場に対

106   4 巨大磁気抵抗効果(GMR)

する感度が重要な因子となる．いかに大きな抵抗変化が起きるにしても，必要な磁場が大きすぎる場合にはその用途はごく限定されたものとなり，実用的価値は乏しい．非結合型 GMR は結合型とは異なり，高い磁場依存性を持つ．したがって GMR という現象が実用化に結びつく可能性を持つことが示された．同じころアメリカ IBM グループは磁性層2枚からなるサンドイッチ構造膜を用いて同様の研究を行っていた．かれらは磁性層にはいずれも NiFe を用いているが，その保磁力に差をつけるために一方の NiFe 層には反強磁性体である FeMn 層を結合させ，NiFe/Cu/NiFe/FeMn からなる構造を作製した(図41(a))．NiFe 層は本来ソフト磁性体であり，反強磁性層を結合していない NiFe 層は外部磁場にしたがって磁化の方向を変えるのでフリー層と呼ばれる．もう一方の NiFe 層は反強磁性層と結合しているために保磁力が大きくなり，磁化方向は磁場によって変動しない．こちらの層はピン層と呼ばれてい

(a)

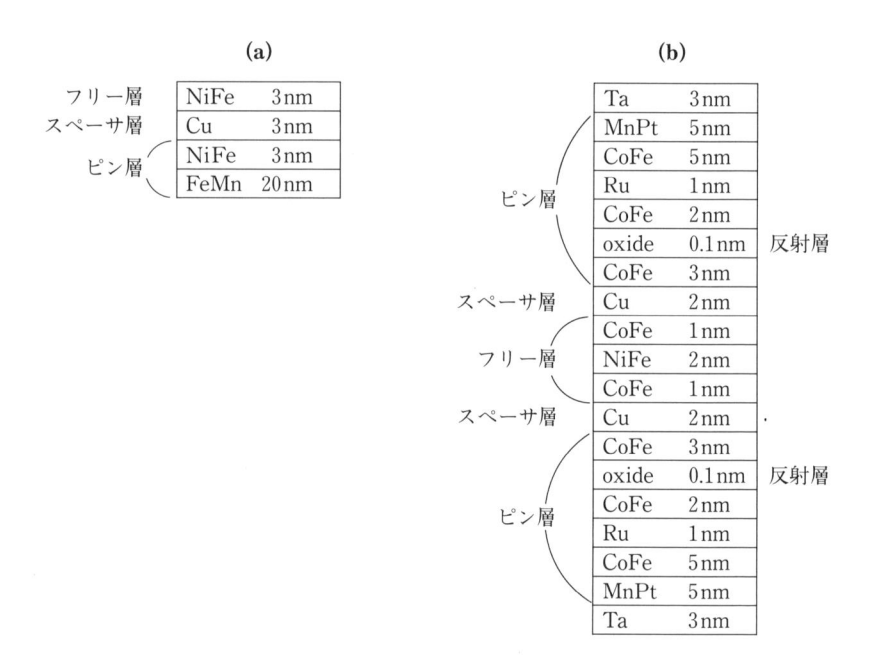

フリー層	NiFe	3nm
スペーサ層	Cu	3nm
ピン層	NiFe	3nm
	FeMn	20nm

(b)

	Ta	3nm	
ピン層	MnPt	5nm	
	CoFe	5nm	
	Ru	1nm	
	CoFe	2nm	
	oxide	0.1nm	反射層
	CoFe	3nm	
スペーサ層	Cu	2nm	
	CoFe	1nm	
フリー層	NiFe	2nm	
	CoFe	1nm	
スペーサ層	Cu	2nm	
	CoFe	3nm	
	oxide	0.1nm	反射層
ピン層	CoFe	2nm	
	Ru	1nm	
	CoFe	5nm	
	MnPt	5nm	
	Ta	3nm	

図41 スピンバルブの構造
(a)初期の例．(b)最近の例(デュアルスピンバルブ型)．

る．2枚の磁性層の磁化が平行のとき電流が流れ，反平行のとき流れなくなることをバルブの働きにたとえ，このようなシステムをスピンバルブと名づけた[83]．この磁性層の保磁力の差によって，磁気構造を平行-反平行と変化させる方式は，原理的には非結合型人工格子と同様である．磁性層が2枚のみであれば多層構造のようにMR比を大きくすることはできないが，磁場特性の制御に関して優れており，抵抗値なども適当であることからスピンバルブ方式の実用化が進められ，磁気記録再生ヘッドとして利用されるに至っている．

反強磁性体が磁気的に錨の役目を果たすためにはかなりの層厚が必要であるため，スピンバルブ構造を繰り返し積層してもMR比の上昇は期待できない．したがって当初からスピンバルブ構造での磁性層はピン層とフリー層の2枚のみからなり，多層構造と比べるとMR比そのものはかなり小さな値でもやむをえないと考えられた．にもかかわらず，実用面では明らかな長所があるとして開発研究が進められた．その後，MR比を上昇させる工夫が重ねられた結果，いまではスピンバルブの室温のMR比が30%を越えるまでになっている．

スピンバルブの原型が発表されて以来，10年の間に実用化に向けての研究が活発に推進され，そのデザインにはいろいろなアイディアが含まれている．図41(b)はスピンバルブを変形させたデザインの一例を示したもので，フリー層を上下からピン層ではさんでいるためデュアルスピンバルブと呼ばれているタイプである．フリー層は磁気的にソフトな物質の代表であるNiFeを基本にしているが，前節で紹介したように界面の磁気モーメントの大きさがスピン依存散乱に大きな影響を与えることを考慮して，薄いFeCo層を界面部分に配置している．MR比を大きくするためには層間結合が生じないない範囲で，スペーサ膜厚をできるだけ薄くすることが望まれるが，最近の結果ではスペーサ層には専らCuが用いられ，その膜厚は2nm程度である．一方，ピン層の保磁力はできるだけ高いことが要求され，そのために極めて複雑な多層構造をとっている．すなわち反強磁性を示す合金の中で最もネール温度が高いMnPtを基礎とし，さらにRuの層間結合が非常に強いことを利用したCo/Ru/Coの人工的反強磁性構造を付加している．ピン層の中でスピン依存散乱の対象となるのは外側のCo(Fe)層であるが，もう1枚のCo(Fe)層と磁気的に相殺し

ているために外部磁場に対する保磁力は非常に大きくなる．

スピンバルブのスペーサに関しては，層間結合の出現を防ぐことが必要条件である．この点はそもそも GMR という現象が Fe/Cr 人工格子で反強磁性層間結合が存在したために現れた現象であったことを思い起こすと少々皮肉な巡り合わせといえよう．層間結合自体には，特に基礎研究面で多大の興味が持たれ，そのメカニズムを理解するために多くの研究が行われた．しかるにヘッド材料の実用化にあたっては，層間結合は邪魔者的存在になってしまった．ところが，次の段階ではピン層の内部に Co(Fe)/Ru/Co(Fe) が採用され，Ru 層を介した強い層間結合がその性能向上に大いに役立っている．このように，層間結合のご利益が別の面で発揮されることになり，その展開の過程はまことに興味深い．全く物事の進展は単純ではないと実感させられる．

磁性材料開発の歴史の中で，反強磁性体が実用面で利用された最初の例が GMR ヘッド内のピン層成分としてであることも興味深い．物理現象としては，強磁性も反強磁性も磁気的秩序として同等の興味が持たれるが，反強磁性は専ら基礎研究の対象でしかなかった．これまでは，応用面で価値があるのは強磁性体(あるいはフェリ磁性体)に限られていたが，磁気ヘッドの開発研究の過程で，反強磁性体の応用という新しい歴史が生み出された．スピンバルブの開発の過程では，そのほかにも様々なアイディアが提出されており，大きな波及効果を残しつつある．MR 比を向上させるにはバックグラウンドとなる抵抗を減少させることが望ましい．そのためにはスピン依存散乱以外の散乱はなるべく小さいことが要求される．たとえばスピンに依存しない膜の表面での散乱は，抵抗値を増加させて，結果的に MR 比を減少させる．このような表面散乱をなくすために，鏡面反射する面を利用するアイディアが出されている．表面にフラットな酸化物層があって，電子が鏡面反射されるとすれば，抵抗には増加が見られず，結果的に MR 比を増加させると報告されている[84]．表面以外に，磁性層内にごく薄い酸化物層を配置することも有効であると報告されている．これもやはり鏡面反射を利用し，スピン依存散乱の起きる部分に伝導電子を集中させて MR 比を高めようとする試みである．図 41(b)のスピンバルブの内容は 10 層を越える多層構造からなっているが，上に述べたようなアイ

4.5 スピンバルブ

ディアをすべて取り入れると層数はさらに増加する．試料作製面からいうと，利用できる元素数には制限があり，通常の薄膜作製装置では蒸発源の個数によって制限される．現実の多層膜の設計は，何種類の元素が利用可能かを考慮して決められる．可能であればいくらでも元素数を増やし，層数を多くして種々の工夫を取り入れた複雑な多層構造の実現を目指すのが，材料としての性能開発の方向となっている．

そもそもGMRは人工格子に特有の物理現象として登場し，当初は多層構造が巨大なMR比にとっての必要条件と考えられていた．しかしスピンバルブがかなり大きなMR比を発生させるようになり，GMRヘッドとしての実用化に結びついた．そうすると，GMRは人工格子に固有の性質といえるのか，基本的に2枚の磁性層からなるGMRヘッドをもって人工格子の実用化の成功例にあげてよいか，といった疑問が生じる．しかし，図41(b)のように10層以上の超薄膜の積層構造であれば，周期性は備えていなくても人工格子の一種と呼ぶのにふさわしい．むしろ人工格子の新しい領域が拓かれたといえる．スピンバルブによるヘッド材料の開発の過程を見ると，新しい機能性物質がどのように作られていくのかを示すマスターピースという印象を受ける．必要があればどんどん多層化が進み，それによって薄膜材料の機能が向上していく様子が示されている．

人工格子は周期性を備えた物質という狭い定義で話を始めたが，材料面を考慮すると多層構造膜を広く包含すべきであるということになる．一般に，物質の基礎研究には単結晶試料が不可欠であるが，バルク状の単結晶が応用面で利用されていることは実は少ない．その事情は多層薄膜でも同様と考えることができる．現実の機能性材料にはスピンバルブのように複合的多層構造が用いられ，人工周期構造が利用されているわけではない．しかし品質の高い周期構造を持つ人工格子はバルクの単結晶の場合と同様，モデル物質として重要であり，基礎研究面からの情報を得るために有効である．

コラム 16　ハードディスクドライブと GMR ヘッド

ハードディスクドライブと呼ばれる磁気記録方式は，不揮発性および書替え可能という長所を持つ記録技術であり，コンピュータなどに利用されている．記録技術の性能を端的に表す尺度は記録密度であるが，年とともにどのように進歩してきたかを示したのが**図 42** である．記録密度が対数目盛で表されてい

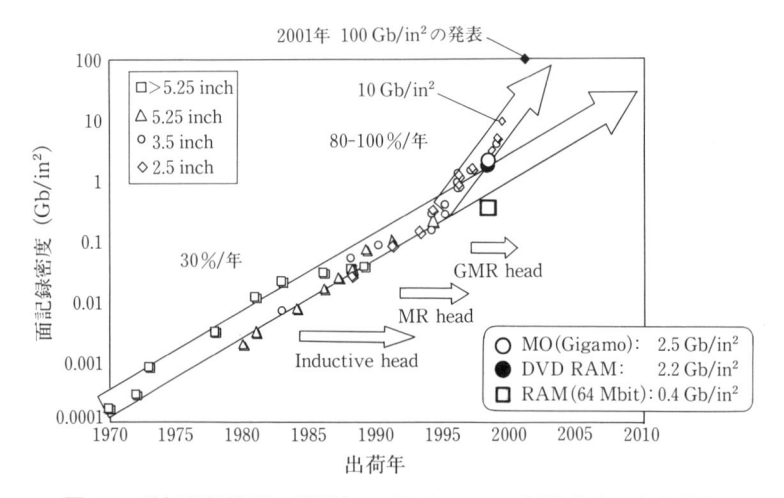

図 42　磁気記録技術の進展（ハードディスクの記録密度の向上/年）
◆印：100 Gbit/in^2 の実現が 2001 年に報告されている．

るにもかかわらず，一貫して驚異的に高い成長率が維持されてきたことが示されている．すでに 100 Gbit/in^2 の実現が発表されるにいたっており，他の記録方式を凌駕する超高密度記録が実現している．超高密度化された記録媒体に対応するために要求されるのは，記録を読出すセンサー（再生ヘッド）の高性能化であり，最近の密度の上昇は，GMR ヘッドを利用することによって実現されたことが図中に示されている．ここでいう GMR ヘッドの内容はスピンバルブ方式であり，すでに実用化にいたっているが，磁気記録をさらに高密度するために，より感度の高いヘッドの開発が進行している．

5 GMRに関連するトピックス

5.1 GMR効果のバリエーション

　GMRの発見によって我々は，スピン依存散乱が原因となって大きなMR効果が引き起こされることを教えられ，それ以来，磁気的構造に変化があれば，それに伴って電気抵抗に変化が生じることを予想するようになった．一般に，磁性体の基本的性質は人為的に変化させられるものではなく，個々の原子の磁気モーメント間の結合の強さによって決められている．通常の反強磁性体に強い磁場を加える強引な方法では，容易に強磁性配列を実現させることはできない．一方，磁性層間が非磁性層で隔てられた構造の人工格子では，図らずも(あるいは幸いにも)磁性層の磁化を平行や反平行に配置することが可能であり，その結果GMRを発現させることができた．人工格子以外でも磁気構造を人為的に制御できる磁性体があれば，同様のMR効果が期待できる．

　人工格子のGMRと類似した現象は，磁性体微粒子を分散させたシステム(グラニュラー系)で見いだされた[85]．たとえばCu中にCo微粒子を分散させた系で，Co粒子はかなり小さく，磁気的には超常磁性[*1]に近い状態をとっているような場合である．すなわち，個々のCoは単一磁区構造を持ち，それぞれがひとつの磁石として振る舞うが，その磁化の向きには配向性はなく，無秩序であるとしよう．その場合，この合金系の中を流れる電流はちょうどCo/Cu人工格子と同様で，主としてCuの中を強磁性Co粒子にぶつかりながら流れていくというイメージでとらえられる．外部磁場が存在しない場合は，Coの磁化はランダムに向いているため，スピン依存散乱の影響でかなり抵抗が大

[*1] 磁性体微粒子のサイズが非常に小さくなると，粒子の磁化方向は熱エネルギーで揺動する．粒子の磁化があたかも常磁性スピンのように振る舞う現象を超常磁性という．

きくなる．外部から強い磁場を加えると，すべてのCo粒子の磁化が一方向に揃い，磁化平行の状態になるため，GMR効果によって抵抗は減少する．このようなグラニュラー系のGMRのひとつの特徴は，飽和させるために大きな磁場が必要となることである．**図43**の例では，実験的に可能な最大級の磁場をかけているのに抵抗値は依然減少を続けている[86]．同じ試料の磁化測定ではほとんど飽和しているにもかかわらず，電気抵抗は飽和しない．この原因は明らかではないが，スピン依存散乱には支配的な役割を担う磁性微粒子の表面のスピンは，粒子内部に比べて飽和しにくい性質を持つのではないかと想像される．飽和磁場下の抵抗値を確定しがたいという現実的理由から，グラニュラー系ではMR比を表す場合の基準値，すなわち分母には飽和値ではなく無磁場値をしばしば用いている．Co/Cuなどのグラニュラー系は極めて大きなMR比を示すが，必要磁場が大きいため，いまのところ応用面の価値は認められていない．

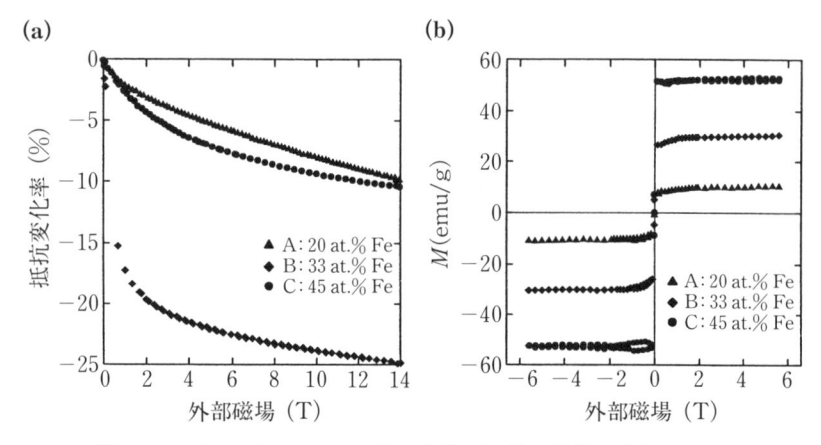

図43 Fe/Agグラニュラー膜の磁化と抵抗の磁場変化(4.2 K)[86]

グラニュラー系のMR効果を考えるとき，通常ゼロ磁場の状態を磁気的にランダムに配向した状態とみなしているが，ゼロ磁場状態はランダムよりも反平行に近いのではないかと考えられる．分散した磁性粒子においては，粒子の位置は無秩序であり，隣接粒子の磁化を反平行に向けた配置を全体に与えるこ

5.1 GMR 効果のバリエーション

とは不可能である.しかし,各粒子間に反強磁性的結合が働くとすれば,なるべく反平行に近い状態を作ろうとし,ランダムよりは反平行に近づく傾向があるかもしれない.そうすれば隣接粒子間の磁化に相関のない,理想的なランダム状態よりはスピン依存散乱が効果的になり,MR 比を大きくする原因となっている可能性がある.また,後(図47)で説明するようにジオメトリー(geometry)として CIP よりも CPP に近くなっている点も MR 比を増大させる一因ではないかと思われる.

最近,Mn などの酸化物に大きな MR 効果が見いだされ,CMR と呼ばれて話題になっていることは**コラム 17** で紹介する[87].

GMR の発現する舞台の基本的構造は[強磁性金属層/非磁性金属層/強磁性金属層]に要約される.非磁性層を酸化物層などのトンネルバリアに代えた場合にも類似の MR 効果が見られる.すなわち,ふたつの強磁性層間のトンネル電流量は GMR の場合と同様磁性層の磁化の相対角度に依存して変化する.この現象は,トンネル MR 効果(略して TMR)と呼ばれる[65].実は TMR は,GMR よりもかなり古くから研究が始まっていたが,当初は MR 効果としては小さく,再現性の悪い実験であったためもあって,大きな注目をあびることはなかった.ところが GMR に刺激され,また酸化物膜の作製技術の進歩などがあいまって,最近では大きな MR 比がかなり再現性よく得られるようになった.Miyazaki らによる[$Co/Al_2O_3/Co$]は室温で 49% の MR 比を示し,3層膜の GMR,すなわちスピンバルブよりむしろ大きい MR 比が得られている[88].次に説明する MR 効果のジオメトリーの分類では TMR は CPP に属していることが MR 効果を大きくする一因となっている.

CPP 型 MR は基礎研究面で有利な点があり,TMR による MR 比は金属のスピン分極率と直接に関連づけることができる.強磁性金属 A, B がトンネル接合を形成しているとすると,その間のトンネル電流によるコンダクタンス Γ は金属 A, B のフェルミ準位における状態密度($D_{A\sigma}, D_{B\sigma}$)の積に比例すると考えられる.なお,σ は電子スピンの状態を示し,up または down スピンを意味する.磁気構造が平行と反平行の場合のコンダクタンス,Γ_P, Γ_{AP} は同じスピン方向の状態密度の積によって決まり,それぞれ $D_{A\uparrow}D_{B\uparrow}+D_{A\downarrow}D_{B\downarrow}$,お

コラム 17　CMR(colossal magneto-resistance)

Mnを含むペロブスカイト型酸化物の中には磁場によって抵抗が著しく変化するものがあり，MR比の変化は数桁におよぶものもある．金属多層膜における抵抗変化がGMR，すなわちgiantと称されたのに模して，途方もなく大きいという意味のcolossalという名が与えられ，CMRと略されている．CMRは磁気構造の変化に伴う抵抗変化という意味ではGMRと類似しているが，単にスピン構造の方向的な変化というよりは，むしろ磁気秩序の形成に伴って電子状態が変化する，いわゆる金属-絶縁体転移が生じているというイメージが近い．低温では非常に大きい抵抗変化が見られるものの，室温でのMR比はかなり減少する．より高い転移温度を持つCMR物質の探索が進められているが，転移点近傍で激しく抵抗変化することはその本質的特徴であり，したがって一般的にMR比の温度依存性が大きい．抵抗変化を起こさせるためにかなり大きな磁場が必要である点など，実用化にはまだ多くの障害があるが，非常に大きな抵抗変化の可能性を含んでいることは魅力であり，注目しておく必要がある．CMRの実例を図44に示す．

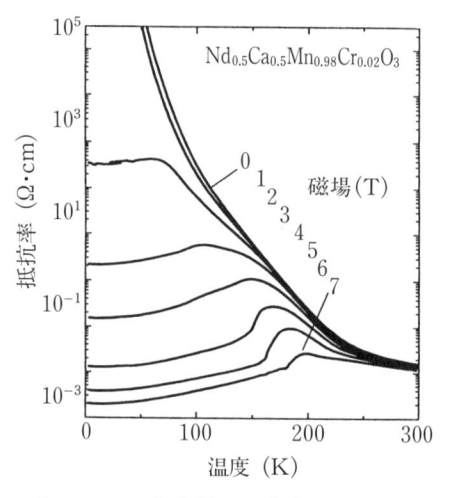

図44 Mnペロブスカイト酸化物の電気抵抗の一例($Nd_{0.5}Ca_{0.5}Mn_{0.98}Cr_{0.02}O_3$，低温では，抵抗の磁場変化は数桁にわたる)[87]

よび $2D_{A\uparrow}D_{B\downarrow}$ に比例する．MR 比は状態密度のスピン分極率 $P_\xi=(D_{\xi\uparrow}-D_{\xi\downarrow})/(D_{\xi\uparrow}+D_{\xi\downarrow})$ $(\xi=A, B)$ を用いて，

$$\mathrm{MR}=\frac{\Gamma_{\mathrm{AP}}^{-1}-\Gamma_{\mathrm{P}}^{-1}}{\Gamma_{\mathrm{AP}}^{-1}}=\frac{2P_A P_B}{1-P_A P_B} \qquad (3)$$

と表される．したがって，MR 測定値から強磁性金属のスピン分極度を評価できる．

$P_A=P_B=50\%$ として計算した MR 比は 67% となるが，CoFe 合金層を磁性層表面に用いた TMR 素子では 4.2 K で 68% の実測値が得られており，理論値とほぼ一致している．なお，TMR は表面原子のスピン分極度に支配されるので，表面原子の電子状態が大きく変化している場合にはバルクの金属のスピン分極度とは一致しない可能性を考えなければならない．

TMR は室温で大きな MR 比を与えるものであることが確認されたので，応用面でも注目されるようになった．ヘッド材料としては GMR ヘッドの次の材料の候補として検討されており，今後の記録技術として検討が進められている MRAM(コラム 18)においても TMR を採用した方式の開発が進んでいる[89]．

スピン分極効果を半導体内に導入し，デバイスに取り入れようという試みが行われ始めており，スピンエレクトロニクス(あるいはスピントロニクス)という用語を耳にするようになっている．ここでは GMR が直接間接に関連していることが少なくない．一例としてスピントランジスタという実験例を紹介する[90]．一口にいえば，半導体と GMR 素子を組合せ，ホットエレクトロンの GMR 効果を観測するものであり，その現象はバイアス電圧に大きく依存するため，磁場に対して非常に敏感な素子が作られる．構造と電流の磁場変化を図 46 に示す．

5.2 GMR 測定の Geometry

個々の層の厚さを原子レベルで制御した人工格子を作製することは，膜の成長方向，すなわち膜面垂直方向に一次元的に設計図にしたがった構造変調を与

コラム 18　MRAM

　微小磁性体のスピンを情報源としたメモリとして開発が進められているのがMRAM(magnetoresistive random access memory)である．MRAM は不揮発性で高速書替え可能メモリとして期待され，その素子に室温で大きな MR 比を示す TMR を利用することが検討されている．

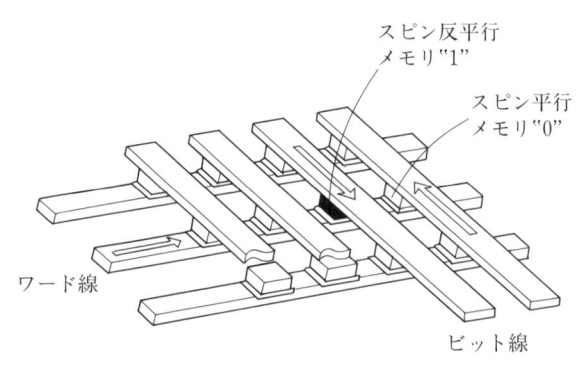

スピン反平行メモリ"1"
スピン平行メモリ"0"
ワード線
ビット線

図 45　MRAM 配置の概略

　MRAM の構造の概略を図 45 に示す．マトリックス状に配線したワード線(WL)とビット線(BL)の交点にメモリセルとしてスピンバルブ型 TMR 素子が配置されている．各配線に流す電流が作る合成磁場によって交差したセルにおけるソフト層のスピンを反転させ，メモリが書込まれる．たとえば，スピンが平行で抵抗の小さい状態が"0"メモリ，スピンが反平行で抵抗の大きい状態が"1"のメモリに対応する．BL および WL の両者に電流が流れた場合にその交点のスピンが反転し，BL または WL のどちらかにしか電流が流れない，すなわち選択されないセルでは，印加磁場が不十分で書込みは行われない．読出し時にスピンを反転させる必要はなく，それぞれのワード線，ビット線間の抵抗が"0"メモリ，スピンが反平行で抵抗の大きい状態が"1"のメモリに対応する．高速での処理が可能である．

5.2 GMR 測定の Geometry

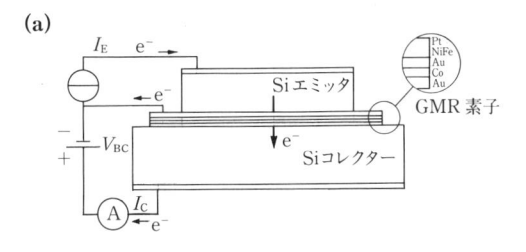

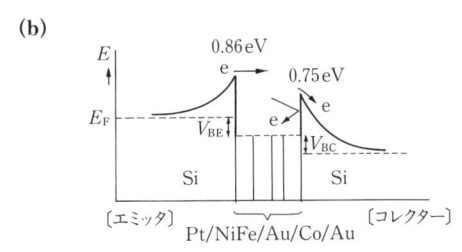

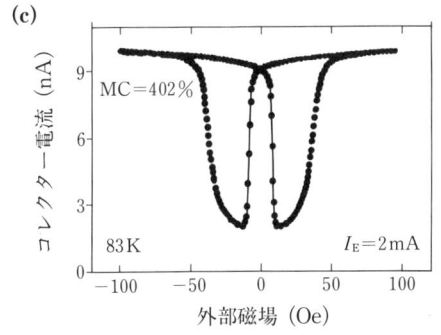

図 46 スピンバルブトランジスタの説明図[90)]
エミッタ電圧によって伝導電子のエネルギーがコントロールできるので，GMR に適した条件を選択できれば，大きな磁場効果が現れる（I_E：エミッタ電流）．
（a）構造の概略．（b）エネルギーレベル．（c）コレクター電流の外部磁場依存性．

えようとする試みである（すでに説明したように，場合によっては一次元的周期構造を目指して作製しても，現実には成長方向に関する一方向性の周期構造変調が加味されるかもしれない）．いずれにしても膜面垂直方向に設計した構造を持つ人工格子が作製できたとすると，特に伝導性に関して新奇な性質が発現するのは，膜面に垂直方向に伝播する現象を観測した場合に違いない，と予

想できる．ところがGMRの発見は面内方向の電流によって行われ，予想外の大きな抵抗変化が観測された．その後のGMRに関連するほとんどの研究でも同様に，膜面内方向の電流が対象となっている．膜面内の方向は界面とは平行であり，無限に同じ物質が存在している．たとえばCu層についていえば，伝導電子がCu層内のみを流れると直感的にとらえると何も異常な現象がおきそうには思えない．しかし電子はただ真直ぐ流れるものではなく，界面に衝突しながら流れるために，結果的にはかなり大きなGMR効果が観測された．面内電流による測定は実験的に容易であり，その意味では大きなMR効果が発生したことは幸運であったといえるかもしれない．

GMRはそもそも界面を横切って流れる電流に対する現象であり，膜面内方向の電流よりも垂直方向の電流の方が，より大きなMR効果を発生させるのではないかという素朴な考え方は間違いではなく，実際，理論的にもそのように示唆されている[91]．ここでMR測定におけるジオメトリー(geometry)，すなわち電流方向と磁場印加方向の関係を考えてみる．電流方向が膜面に平行，ならびに垂直の場合のMR測定ジオメトリーをそれぞれcurrent-in-plane (CIP)，current-perpendicular-to-plane(CPP)と呼ぶ．

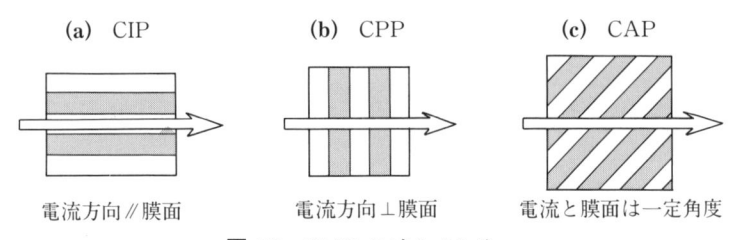

(a) CIP　　　**(b)** CPP　　　**(c)** CAP

電流方向∥膜面　　電流方向⊥膜面　　電流と膜面は一定角度

図47　GMRのジオメトリー

なお，後に説明するCAP(current-at-an-angle-to-plane)ジオメトリーはその中間に対応するものである(**図47**参照)．より大きなMR比の実現を目指すことは応用上も基礎研究的にも興味深いチャレンジであり，そのためにCPPは重要な研究課題である．CIPに比較すると，CPPには基礎研究面での大きな長所がある．それは，CPPの場合は電流が試料内で一定と近似でき，

5.2 GMR 測定の Geometry

抵抗の直列つなぎモデルを応用して定量的議論が展開できる点である．それに対して CIP では電流は界面と平行に流れ，局所的な伝導度によって電流密度が決まるので場所によって電流密度は非常に異なる．それぞれの層内でも界面からの深さに依存して大きく変化している可能性がある．したがって，実際の CIP 測定時の試料内の電流密度の分布を見積もることは非常に困難である[91]．

CPP-MR のさらなる魅力は，新しい GMR 物質系が発見される可能性が CIP より多く残されている点である．たとえば，非磁性層の伝導度が非常に悪い場合，CIP における電流は磁性層内を流れることになり，GMR を発現することができない．それに対し CPP であれば膜面に垂直に流れる電流だけに注目するので，伝導度に対しての制限がほとんどない．CPP-MR の測定が自在に行えるようになれば，非磁性スペーサに半導体や誘電体を用いるなど物質の種類を広げた GMR システムの探索が可能になり，さらなる発展が期待できる．酸化物層をバリアに用いたトンネル電流による MR 効果(TMR)は，必然的にバリアを通過する電流のみを対象としたものであり，まさに CPP-MR の一種である．

GMR に限らず，金属薄膜についてのほとんどすべての伝導現象の測定が CIP 配置で行われてきたのは，試料作製と測定の簡便性が原因である．金属性の超薄膜の電気抵抗を CIP 配置で測定することは比較的容易であるが，膜面垂直に電流を流す場合は，抵抗の絶対値が著しく小さいことによる困難を解決しなければならない．しかしすでにいくつかの研究グループがこの困難な測定に挑戦してきた(**図 48**)．最初の研究はアメリカミシガン大のグループが行ったもので，絶対値が非常に小さな抵抗を測定する上で障害となるリード線部分の抵抗を除くため，超伝導体をリード線とする手法を用いた[92]．すなわち GMR 人工格子の両面を Nb 線ではさみ込んだ試料により，ごく小さな抵抗の検知を可能にした．この結果，CPP 配置で測定した GMR は CIP 配置のそれよりもかなり大きいと報告した．この測定では超伝導端子を用いるため，測定温度は低温に限定され，加える磁場も超伝導を破壊しない程度でなければならないという制約がある．次の実験はオランダのグループが報告したもので，試料に微細加工を加えてミクロンサイズのコラム状に成形し，測定すべき抵抗を

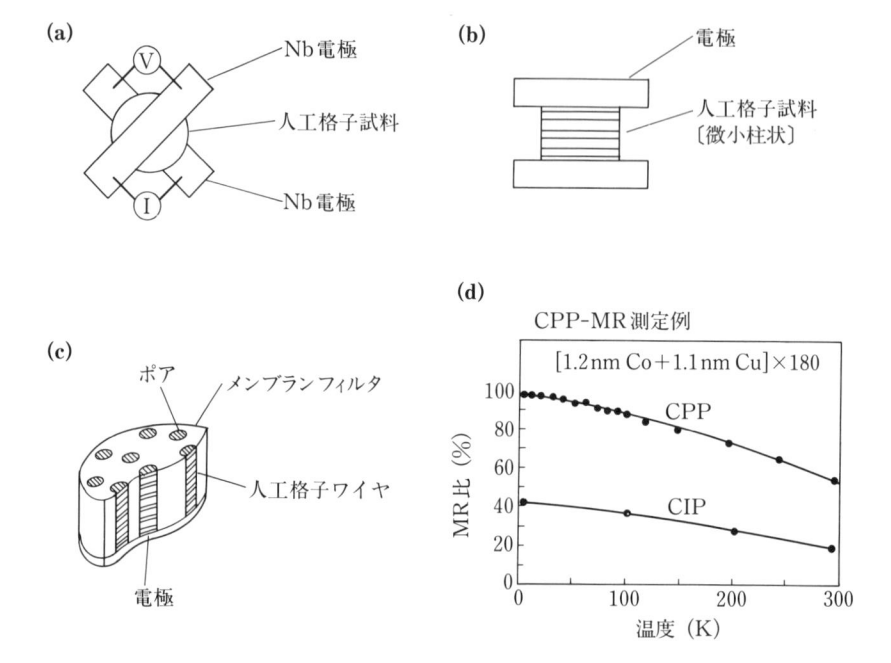

図 48 (a), (b), (c) CPP-GMR を測定するための試料.
(d) CPP-GMR 測定の実例(CIP との比較)[95].

オームのレンジにあげた[93]. この実験からも CPP 配置の MR は CIP のそれを数倍上回っていることが報告されている. この方法は測定温度には制約がなく, 室温までの温度変化における CPP と CIP による MR 効果の差を報告した. この実験には, 微細加工した試料が必要であるが, 半導体分野では普及している微細加工技術が GMR 研究に利用された初めての例であり, 以後の研究の方向づけに示唆を与える成果である.

　ナノサイズの試料を作製し, CPP-MR を測定する方法のひとつは電着法によるワイヤ状人工格子の作製である[94]. あらかじめ加速イオンの照射などの手法により, メンブランフィルタ[*1] に数 nm ないし数 10 nm 径の穴を作製し,

---

[*1] 細孔を持つ高分子膜. 化学操作で濾過膜として利用される.

5.2 GMR 測定の Geometry

その中に人工格子細線を成長させようという試みである。メンブランの一面には金属層を付着させて電極とし,各穴内に電着法により人工格子が作製される。この結果,形状的には極めてきれいなワイヤ状試料が得られることが報告されている。この場合の人工格子は溶液から電着法で析出されるので,膜厚制御の精度には問題があり,組成変調を100%と0%とした周期性をつくることは原理的に不可能である。したがって人工格子としての品質には疑問あるが,その形状はCPP測定に非常に適しており,事実MR効果の増大が観測されている。単一の金属を成分としたナノワイヤの研究もまだ少ないのが現状であり,ナノワイヤの人工的組成変調を与える試みは,まだわずかしか報告されていない。人工格子ワイヤには今後の発展に期待したい。

次にマイクログルーブ(groove)基板を利用した実験を紹介する[95]。V字形のマイクログルーブの作製法は図49に示されており,やはり微細加工技術の利用が必要である。表面酸化したSi(100)基板にレジスト層を塗布し,電子ビームないしは光露光によるパターニングを行う。次にエッチングによってSi基板表面にSiOのストライプが存在する状態を作る。Si本体のエッチングを行うと,SiOは不動層の役割をするので,Si本体の露出している部分のエッチングが進行するが,Si(111)面は(100)面よりもはるかに安定であるため,結果的に(111)面ばかりが表面に残り,自然にV字形のグルーブが形成される。V字の角度は(111)面の交差する角度であり,常に54.7°である。このようなグルーブの作製法は半導体分野で確立された技術であるが,金属薄膜の構造制御に用いた研究はまだ非常に少ない。このようなグルーブ表面を利用すると次のような研究が可能になる。

グルーブの上に非結合型GMR人工格子を積層させると図49(b)のように成長する。かなり厚い膜を成長させてもグルーブの形が保存されることは,その表面のSEM像が常に同じ形状を示すことから確認された。このような試料のMRを,グルーブの方向と垂直の電流方向について測定すると,電流は膜面に54.7°の平均角度を持つことになる。人工格子の構成因子の電気伝導度に非常に大きな差がないとすれば電流方向は直線で近似できる。膜面から54.7°の角度は90°から見ればはるかに小さいが,0°に比べるとかなり垂直に近づ

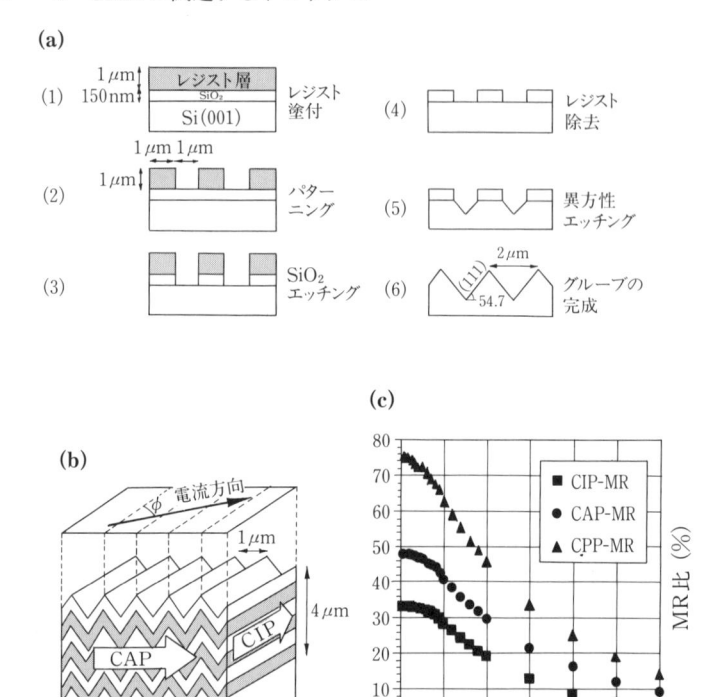

図 49 （a）微細グルーブの作製プロセス．
（b）CAP ジオメトリーの説明図．
（c）CIP，CAP-MR の実測値および CPP-MR の外挿値の温度変化[95]．
[Co 1.2 nm/Cu 11.6 nm/NiFe 1.2 nm/Cu 11.6 nm]×91

いており，CPP と CIP の中間状態にあるといえる．このようなジオメトリーを CAP（current-at-an-angle-to-plane）配置と呼ぶ（図 49(b)）．同じ試料から電流方向をグルーブと垂直方向にした測定用試料を作製することができ，CIP-MR 測定の結果と比較することが可能である．図 49 に示されているように，CAP は CIP よりも明らかに大きな MR 比を与えることが証明されている．なお CAP 配置の測定とみなすためには人工格子層がかなり厚く，グルー

5.2 GMR 測定の Geometry

ブの深さ以上であることが必要である.筆者らの試料では,グルーブのピッチの最小値は 0.5 μm であり,したがって磁性膜厚が 1 μm 以上にする必要がある.図 49 では二方向が示されているが,その中間の角度は自由に選択できる.それらの MR 比は,電流方向と膜面の角度をゼロから 54.7° まで徐々に変化させたことに対応する.その際の MR 比の測定値の変化は理論的予測とよく合っている.したがってその結果を使って MR の測定結果を 90° まで延長し,外挿値を求めても大きな間違いはないと思われる.図 49 には CPP,CAP,および CIP-MR の温度変化が示されており,ここで CIP および CAP 配置の MR 比は実測値,CPP 配置の MR 比はそれらから演繹した外挿値である.この結果は CPP 配置が常に大きな MR 比を持つことを示している.

オランダのグループは V 字グルーブを利用して,少し異なったアプローチ

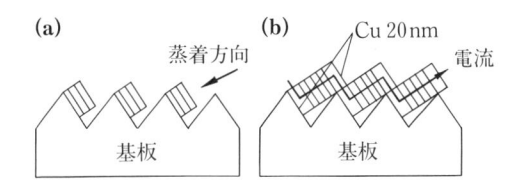

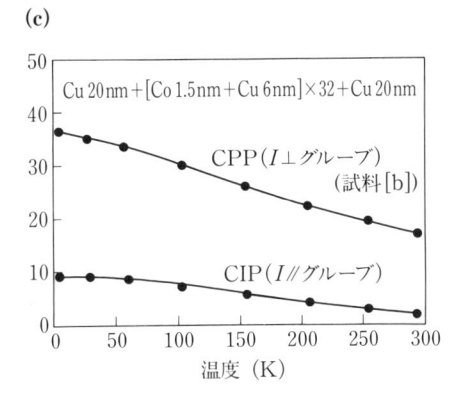

図 50 (a)グルーブを利用した細線.(b)CPP 的 MR 測定用試料.(c) CPP 的 GMR 測定の実例(CIP との比較)[96].

を報告した[96]．図50に示すように，グルーブの側壁面に垂直方向から蒸着を行い(図(b))，人工格子が縦型に連結された試料の作製によって，やはりCPPに近い配置の測定を試みた．実際にはかなりの電流分布が存在し，どの程度CPPに近いといえるかは明らかではないが，MR比の増大が報告されている(図(c))．理想のCPPから電流方向がある程度ずれることは避けられないのでジオメトリーとしては擬CPP配置というべきであろう．

CPP配置のGMRは大きなMR比を得る方法であり，基礎と応用の両面からの研究が進行している．CPPとCIPの相違点のひとつは，CIPでは磁性層間の距離，すなわち非磁性層の厚さが電子の平均自由行程よりも大きい場合はスピン依存散乱の効果がかくされてしまうのに対して，CPPではスピン拡散距離，すなわちスピン方向が保存されて移動する距離が考慮の対象となる．スピン拡散距離は平均自由行程よりもかなり長いので，CPPの場合は非磁性層がかなり厚くてもGMR効果が発生する．非磁性層厚の増加に対してMR比の変化を見ると，CIPの場合はCPPよりもかなり速く減衰する．さらに，CPPにおける伝導現象を利用すると，CIPでは不可能な基礎研究面での興味深い課題に取り組むことができる．その一例は電流に伴ってスピン分極が変化する"スピン蓄積現象"である．界面でスピン依存散乱が生じるということは，upスピンの移動度とdownスピンの移動度が異なることを意味し，電流によってスピンの空間的分布に変化が起きることになる．電流によるスピン密度の増加(あるいは減少)の影響で，磁性層の磁化が反転するという現象が最近報告されている[97]．

図50(a)に示したように，V字側壁に対し直角方向から入射する気体分子によって各グルーブ内に作製された薄膜が連結されず，それぞれが独立した状態であれば，磁性膜のワイヤが得られることになる．グルーブのピッチが0.5 μmとすると，ワイヤの幅が約0.3 μmとなり，サブミクロンサイズのワイヤを数千本集めた試料が得られる．次節で紹介するように，GMR効果を利用した磁性体ワイヤの研究が行われているが，グルーブの利用はワイヤ試料の作製方法のひとつである．

5.3 磁性体の微細加工

　前節では CPP 測定に関連して微細加工技術の必要性が浮かび上がってきたことを紹介した．微小な磁性体の研究の重要性が種々の観点から高まってきているので，あらためて磁性体の微細加工について説明する．微細加工技術は半導体デバイスの進歩に伴って開発されてきたもので，結晶表面に微細なパターンを描く技術である．半導体の場合は基本となる物質がシリコンなどいくつかの物質に限られ，いきおい微細な構造の制御によってその性質を制御しようとする研究が進展した．それに比べると，磁性体の成分は多彩で，物質の一部を置換して特性の向上を計ろうとする研究が主流となり，微細加工を導入する研究は遅れていたように思われる．微細加工技術の典型的な例として，電子ビームを利用するリソグラフィー加工法のプロセスを**コラム 19** に紹介した．

　微小な磁性体の物性は古くから興味深い研究課題として活発に研究されており，超常磁性や久保効果[*1]といった微粒子固有の現象が知られている．しかし超微粒子の試料に用いられた析出粒子，沈殿粒子あるいは凝集粒子はサイズに分布があり，品質の高い試料を得ることは困難であった．それに比べ微細加工法は，サイズと形状を均一化した微細粒子試料を得る方法であり，研究のレベルの向上が期待される．ただし現在の微細加工法によってサイズと形状が任意に規定できるのは 100 nm 程度の領域であり，数 10 nm 以下の領域での制御は困難である．直径数 10 nm の粒子は熱分解などの過程による，いわゆる自己形成法によって作製される．この場合には当然のことながら形状やサイズは自然のなりゆきまかせになり，サイズ分布をなくすことは原理的に困難である．しかし最近の報告では，出発物質に関する制御の進歩などにより，かなり

[*1] 金属原子による超微小クラスターにおいて，原子あたり 1 個の伝導電子を持つとする．クラスター内の原子数が 100 個ないしそれ以下という非常に小さなサイズの場合，その磁気的性質は原子数が奇数か偶数かに依存することを Kubo が理論的に予言した．すなわち奇数であれば，クラスターあたり 1/2 のスピンが存在し，偶数であれば完全反磁性を示すと考えられる．

コラム 19　微細加工技術

　微細加工は半導体工学の分野で発展した技術で，ミクロンないしサブミクロンの精度で表面構造を修飾する手法である．磁性体のワイヤやドットを作製するには，レジストを塗布した表面に電子線(あるいは光やX線)を照射し，所望のワイヤ(ドット)部分のレジストがエッチングにより取り除かれる．その表面に磁性体薄膜を蒸着法で積層し，所望部分以外の磁性薄膜はレジストとともに取り除くとワイヤ(ドット)部分の磁性層のみが残される．この手法はリフトオフ法と呼ばれている(図51参照)．

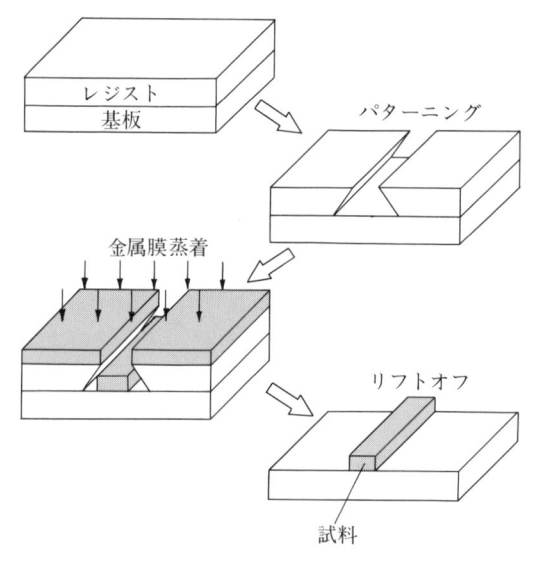

図51　リフトオフ法による微細加工プロセス

　微細加工技術の代表である電子ビーム描画装置は電子顕微鏡と機能が類似した装置であり，設計図にしたがって電子ビームを移動させてレジスト層を塗布した試料表面に所望のパターンを描く機能を持つ．ドットやワイヤを作製する場合，一般的に形状を制御できる限界は100 nm程度である．

一様な微粒子を，しかも空間的に規則的に配列した状態で作製している例が報告されている．

　磁性体の応用面で微小磁性体が必要となっているのは，磁気記録媒体やヘッド材料である．図42のように磁気記録密度が向上すると，記録媒体における記録の単位となる磁性体のサイズはどんどん減少する．現時点での記録密度の最高到達値は100 Gbit/in^{2}であるが，個々の磁気ユニットのサイズは数10 nmに対応し，通常の微細加工の限界にきている．そのような磁性体を密度高く配置するには，反磁場の影響を低減するために垂直磁化を持つ粒子が有効である．そのような微小なサイズの磁性体では，磁化が熱ゆらぎを起こす，いわゆる超常磁性が出現する可能性が高まる．超微粒子の磁化を安定に保持するためには，スピンバルブのピン層に用いられたように，反強磁性体との結合を利用するような工夫が求められている．

　ヘッドについても，検出対象の磁場がますます微小で，かつ面積としても小さくなることから，センサーも小型化する必要に迫られる．事実，製品化されているセンサーのサイズはすでにミクロン程度に加工されている．金属人工格子のCPP-GMRの測定には，試料の微細化がひとつの必要条件であることを紹介したが，TMRにおいても試料を微細化して面積を小さくする研究が進んでいる．これは実用化の際の必要性に加え，ピンホールの危険性を減らす意味があり，試料作製の再現性を向上させる要素となっている．磁性体に微細加工技術を応用する必要性が実用面で高まっていることは上に述べたとおりであるが，基礎研究においても新しい展開がもたらされており，古くからの課題に対しての新しい挑戦が可能になっている．次に述べる磁性体ワイヤの磁化反転現象の研究は，微細加工試料の利用とともにGMR効果を基礎研究の手段に活用している点に特徴がある．

　ワイヤ形状の強磁性体では形状異方性エネルギーのために，磁化の方向はワイヤの長軸方向に向けられているのが普通である．磁化の方向が$\pm x$方向に限られるとすると，ワイヤの内部の磁化の反転は**図52**のような過程をたどり，磁壁の移動が起こっていることが想像される(**コラム20**)．

　すなわち磁壁がワイヤ内を移動しており，ひとつの準粒子のように振る舞う

5 GMRに関連するトピックス

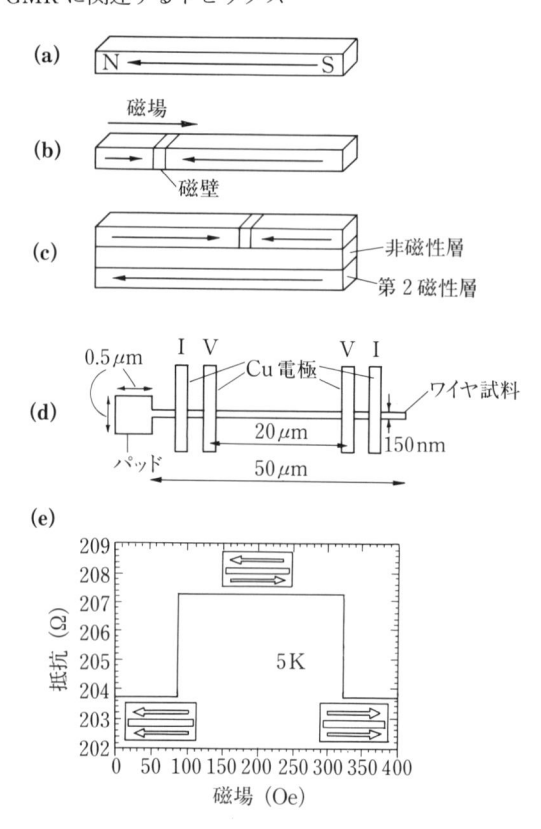

図52 （a）単磁区構造のワイヤ．（b）磁壁移動を伴う磁化反転．（c）抵抗測定用試料の概念．（d）試料の構造（面積の大きな「パッド」部分から磁化反転が始まる．パッド部分を付けることにより磁化反転現象に再現性が与えられ，反転磁場が一定した値を示す）．（e）GMR測定例[98]（抵抗のジャンプが磁化反転に対応）．

と考えられる．磁壁の移動は超常磁性の場合と同様，熱エネルギーとポテンシャル障壁の高さとの兼ね合いで決まるが，ワイヤの幅が非常に狭く，磁壁の体積が小さくなるとトンネルプロセスによる移動も可能であるといわれている．いずれにしても，小さな体積の磁壁の挙動を調べることは興味深い課題である．しかし実験的には測定手段はかなり限定される．

磁区構造の観測法としてはいくつか知られているが，サブミクロンの分解能

コラム 20　磁区と磁壁

　強磁性体において，個々の原子の磁気モーメントが完全に一方向に整列していれば交換エネルギーに関しては最低エネルギー状態であるが，磁極が発生すると巨視的な静磁エネルギーにロスが生じる．そのため，強磁性体に強い磁場を加えると磁気モーメントを整列させることができても，磁場を取り除くと試料内でN極とS極をなるべく打消すような磁区構造が形成され，永久磁石にはならない場合が多い．磁区とは，磁化の方向のそろったひとつの強磁性体からなっている領域をいい，磁区と磁区の境界を磁壁という．磁区の構造は異方性エネルギーとの兼ね合いで決まり，一般には試料表面には複雑な磁区パターンが形成される．磁区構造の観察には，古くからコロイド状の磁性粒子を表面に塗布してその構造を顕微鏡で観察する手法が知られている（ビッター図形）．磁気光学効果やローレンツ顕微鏡などでも磁区の観察が可能である．最近はスピン分極電子散乱や磁気力顕微鏡（MFM）も有効であることが知られるようになった．磁区構造および磁壁におけるスピン構造の概念を図52に示した．磁壁の部分では，個々の原子の磁気モーメントが少しずつ方向を変えており，平行の配列からずれる分だけ交換エネルギーにはロスが生じる．一方，体積の大きな試料では磁区構造を形成して全体の巨視的なエネルギーを低下させているが，微粒子のように小さな磁性体になると磁壁を形成するほうがエネルギーをロスすることになって磁壁が存在できなくなり，個々の粒子がひとつの磁石になった状態，「単磁区構造」が実現する．多磁区構造と単一磁区構造の中間的なサイズの円形試料で，磁化が面内にある場合，渦巻き型スピン構造（ボルテックス）が実現する場合がある．磁壁部分が電気抵抗におよぼす影響としては，スピン方向が容易方向からずれているためのAMR効果が確認されているが，磁壁部分でのスピン方向の乱れの効果がスピン依存散乱を通じて抵抗におよぼす影響は明確ではない．通常の実験条件ではごく小さな変化しか見られない．理論的考察においても，磁壁が抵抗を増加させるという説と，減少させるという両説が提出されている．

が期待できるのはMFMや電子線による観測法に限られ，しかもその動的挙動の解明となると，いずれにしてもかなり困難である．そこで，微小ワイヤの電気抵抗を考えてみる．ワイヤの抵抗測定は，技術的には大した困難ではない

が，磁壁の抵抗への寄与は非常に小さく，抵抗の変化から磁壁の様子を知ることは困難である．したがって通常の電気抵抗測定は磁化過程の解明には有効な手法ではない．ここに紹介する手法はGMRを利用し，磁気構造を敏感に検知する手法として電気抵抗を利用しようという内容である[98]．試料の構造は図52(c)のような非結合型GMRを示す3層膜である．すなわち，一方の磁性層が固定されているとすると，他方の磁化が平行か，あるいは反平行かによって大きな抵抗変化が生じる．電流は主としてスペーサ層(この場合はCu)を流れるが，上下の磁性層と衝突し，それらの磁化に影響される．磁化が平行のときは，反平行よりもはるかに抵抗が小さい．これはまさにGMR効果であり，その事情はスピンバルブと類似である．したがって，抵抗変化を通じて磁気構造の変化が検知できる．抵抗測定結果の一例は図52に示す．磁化反転は磁壁の移動として起こるが，抵抗の変化は実にシャープであり，磁性壁の移動速度が速いことを示している．抵抗の時間変化を解析すれば磁壁の移動速度が導出できる．抵抗の時間変化の測定の実例は，長さが2 mmの試料について行われ，11 μ秒で通過していることが観測された．この時間から速度を算出すると，磁壁は時速約700 kmの高速度で移動しているという結果が得られる．

　GMR関連の現象から，さらに大きなMR比を得る方法の探索は興味深い課題であり，今後も種々の努力が続けられるに違いない．ここに紹介したCPPジオメトリーの利用もその一例であるが，微小な構造制御が今後の発展のカギを握っている．金属超細線の切断時の抵抗の測定による電気伝導の量子化現象の観測や，微小な接点でのクーロンブロケード現象を通じて個々の電子の移動を観測する研究が最近の話題となっている[99]．これらの現象に磁場を関与させることにより，新しいタイプのMR効果が発現し，さらには大きなMR効果へつながることが期待される．事実，微小接点を通じてのGMR効果の測定から，室温で非常に大きなMR比が観測されたという報告がいくつかされている[100,101]．いまのところ，これらはまだ再現性が確認された結果とはいえず，その内容の解釈も確立していない．しかし新しいMR現象はポイントコンタクトなど微小な領域と絡んで発現することが予想される．今後の方向としては，原子レベルでの構造制御によって作製した微小磁性システムにおいて，磁

性と伝導性が相関する現象を探索し，さらに大きな MR 効果など新奇な物性の発見が期待される．そのための基礎として，微細加工技術のさらなる開発により，品質の高い試料の作製を可能にすることが求められている（コラム 21）．

コラム 21　微小磁性体の磁気構造：
　　　　　磁気ドットのボルテックス磁気構造

　微小強磁性体の体積がある限界値以下になると，単磁区構造をとることが知られているが，微小磁性体の磁気構造は十分明らかになっているわけではなく，いろいろな課題が残っている．強磁性薄膜の形状が円盤に近く，かつ適当なサイズのときにはスピン構造は**図 53** に示す渦巻き型が安定化される（ボルテックス構造と呼ばれる）[102]．隣接する原子間ではスピン方向はほとんど平行で，全体では磁化を打ち消して静磁エネルギーを減少させている．しかし，円盤の中心付近では，隣接原子間でのスピンがかなりの角度を持ち，交換エネル

ボルテックススピン構造の概念図

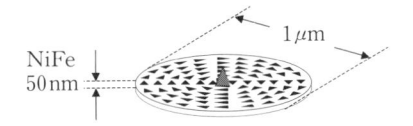

NiFe
50 nm
1 μm

MFM 観察

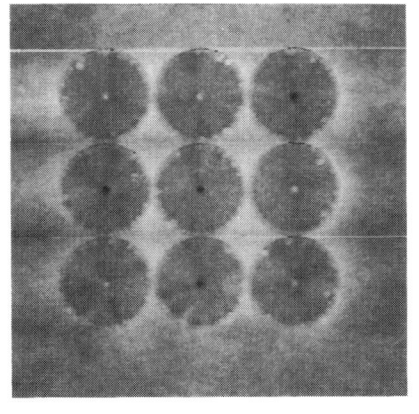

図 53　MFM による NiFe ドットのボルテックスコアの観察

ギーの損失が大きい．この問題を解決する方法として，中心付近には磁化が膜面と垂直になったスポットが存在することが考えられる．この垂直磁化スポットの存在は，理論的には古くから示唆されたものであったが実験的確認は最近までされていなかった．筆者らのグループは磁気力顕微鏡(MFM)を利用してNiFe円盤ドット(直径200〜2000 nm，厚さ50 nm程度の寸法)に垂直磁化スポットが存在することを確認した[103]．図ではドット中心に小さなスポットがあり，白と黒の二種類のコントラストが見られる．このコントラストは磁化の方向を示し，上向きと下向きのスポットが無秩序に存在することがわかる．このコントラストが磁気的原因によるものであることは，強い磁場を加えると磁化方向が揃えられ，コントラストが一種類になることで証明される．垂直磁化部分は非常に小さく，通常の磁化測定では検知できない．このような磁気スポットは，新奇な微小磁気システムとして興味が持たれ，その外部磁場依存性などの研究が進められている．

あとがき

　本書の内容は，金属人工格子の解説に始まり，その物性として特徴的な巨大磁気効果を説明した．その研究の発展として，微細加工技術が利用されるようになっていることを最後に述べた．この内容は最近の物質研究(materials research)がどのように進展しているのかを示す一例である．金属人工格子は，原子のレベルで物質を制御し，デザインにしたがって人工的多層構造を組み立てようとする試みである．さらに微細加工技術を用いると，膜面内方向に関してサイズや形状を制御することができる．図54には，今後の課題とすべき新奇な構造のいくつかの例のイメージが描かれている．これらの単体や集合体の磁気的性質，あるいは連結したシステムにおける伝導性は興味深い．このような人工物質が将来の研究のモデル物質となり，さらには機能性材料として利用されることが期待される．

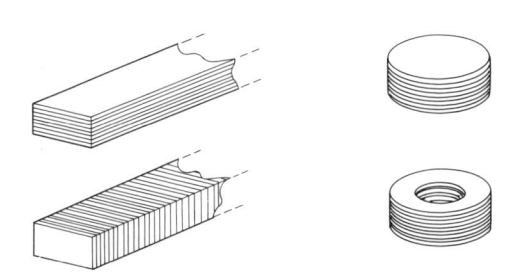

図54　人工的微細パターンを施した人工格子のデザイン例

　人工的な構造の制御により特性の向上を目指すこのような物質研究は，新奇な物質探索の手法でもある．物理的手法を駆使した新物質の探索であり，いわゆる化学反応は用いていないが，広い意味の化学に含めるべきものであろう．人工的物質開発は，将来の化学の重要な領域となっていくと予想している．新

あとがき

奇な物質の創造は，ひいては新しい物理現象の発見につながり，さらには機能性材料が開発されていくことに期待し，楽しみをもって見守っていきたい．

　本書は，著者が京都大学で長年にわたって行ってきた研究の抜粋の部分が多い．平成13年度で停年退官するにあたり，一種の報告書をまとめるつもりで執筆したものである．そのために，関連分野全体を見渡す解説というより，筆者のグループの行った研究に重点を置きすぎる結果となり，本来引用すべき多くの研究成果にふれないままで終わった．参考文献リストに当然含むべき多くの業績が脱落していることをおわびしておきたい．これまで長年にわたって大勢の方々にご協力を頂いたことに対し，あらためてここに謝意を表したい．経費面では，特別推進研究，基盤研究，重点領域研究，新プログラム研究など，文部省科学研究費によって継続的に支援して頂いたことを感謝する．

参考文献

1) L. Esaki and L. L. Chang, Phys. Rev. Lett. **33**（1974）495.
2) 半導体超格子に関する参考書としてはたとえば，
   竹内伸, 枝川圭一,「結晶・準結晶・アモルファス」(内田老鶴圃, 1997).
3) T. Shinjo and T. Takada 編著, "Metallic Superlattices"（Elsevier, 1987）.
   T. Shinjo, Surface Science Reports **12**（1991）49.
4) 日本語の解説としては，
   藤森啓安, 新庄輝也, 山本良一, 前川禎通, 松井正顕編,「金属人工格子」(アグネ技術センター, 1995).
5) 二元合金状態図のデータ集としては，
   T. B. Massalski, "Binary Alloy Phase Diagrams"（American Society for Metals, 1986）.
   状態図に関する解説書としてはたとえば，
   日本金属学会編,「金属便覧(改訂6版)」(丸善, 2000).
6) アモルファス材料に関する総説の例としては，
   増本健(藤田英一編著),「新素材」(朝倉書店, 1987) p. 114.
7) M. G. Karkut, D. Ariosa, J.-M. Triscone and Ø. Fischer, Phys. Rev. **B 32**（1985）4390.
8) メスバウアー分光法についての入門書としてはたとえば，
   藤田英一,「メスバウアー分光入門」(アグネ技術センター, 1999).
9) W. Keune, T. Ezawa, W. A. A. Macedo, U. Gios, K. P. Schletz and U. Kirschbaum, Physica **B 161**（1989）269.
10) 解説としては，
    新庄輝也, 中山則昭, 表面科学 **21**（2000）332.
11) 総説としては，
    A. L. Greer and F. Spaepen (L. L. Chang and B. C. Giessen 編),

参考文献

"Synthetic Modulated Structures" (Academic Press Inc., 1985) p. 419.
12) たとえば,
M. Takahashi, M. Tsunoda and M. Uneyama, J. Magn. & Magn. Mater. **209** (2000) 65.
13) D. Dijkamp, Appl. Phys. Lett. **51** (1987) 619.
T. Venkatesan, X. D. Wu, A. Inam and J. B. Wachman, Appl. Phys. Lett. **52** (1988) 1193.
総説としては,
鯉沼秀臣, 固体物理 **23** (1988) 39.
14) C. R. Martin, Science **266** (1994) 1961.
15) Y. Suzuki, H. Kikuchi and N. Koshizuka, Jpn. J. Appl. Phys. **27** (1988) L 117.
16) J. Kwo, E. M. Gyorgy, D. B. McWhan, M. Hong, F. J. DiSalvo, C. Vettier and J. E. Bower, Phys. Rev. Lett. **55** (1985) 1402.
J. J. Rhyne, R. W. Erwin, J. Borchers, S. Sinha, M. B. Salamon, R. Du and C. P. Flynn, J. Appl. Phys. **61** (1987) 4043.
17) E. M. Gyorgy, D. B. McWhan, J. F. Dillon Jr., L. R. Walker and J. V. Waszczak, Phys. Rev. **B 25** (1982) 6739.
18) J. J. Haris, B. A. Joyce and P. J. Dobson, Surf. Sci. **103** (1981) L 90.
19) C. Koziel, G. Lilienkamp and E. Bauer, Appl. Phys. Lett. **51** (1987) 901.
20) T. Kingetsu, Y. Kamada and M. Yamamoto, Sci. Tech. Adv. Mat. **2** (2001) 331.
21) H. Dohnomae, N. Nakayama and T. Shinjo, Mat. Trans. **JIM 31** (1990) 615.
22) T. Shinjo, N. Nakayama, I. Morotani, H. Dohnomae and S. Sugiyama, J. Magn. & Magn. Mater. **93** (1991) 35.
23) L. Wu, T. Shinjo and N. Nakayama, J. Magn. & Magn. Mater. **125** (1993) L 14.
24) G. Prinz, Phys. Rev. Lett. **54** (1985) 1051.
25) K. Takanashi, S. Mitani, K. Himi and H. Fujimori, Appl. Phys. Lett.

72 (1998) 737.
26) K. Himi, K. Takanashi, S. Mitani, M. Yamauchi, D. H. Ping, K. Hono and H. Fujimori, Appl. Phys. Lett. **78** (2001) 1436.
27) S. S. Manoharan, M. Klaua, J. Shen, J. Barthel, H. Jenniches and J. Kirschner, Phys. Rev. **B 58** (1998) 8549.
28) N. Sato, J. Appl. Phys. **59** (1986) 2514.
29) K. Kawaguchi, R. Yamamoto, N. Hosoito, T. Shinjo and T. Takada, J. Phys. Soc. Jpn. **55** (1986) 2375.
  T. Shinjo, N. Hosoito, K. Kawaguchi, N. Nakayama, T. Takada and Y. Endoh, J. Magn. & Magn. Mater. **54-57** (1986) 737.
30) T. Shinjo, Struc. Chem. **2** (1991) 281.
31) J. Landes, Chr. Sauer, B. Kabius and W. Zinn, Phys. Rev. **B 44** (1991) 8342.
  K. Yoden, N. Hosoito, K. Kawaguchi, K. Mibu and T. Shinjo, Jpn. J. Appl. Phys. **27** (1988) 1680.
32) 中山則昭, 文献4, 第3章.
33) N. K. Jaggi, L. H. Schwartz, J. K. Wong and J. B. Ketterson, J. Magn. & Magn. Mater. **49** (1985) 1 (解析のために次の論文の結果を利用した : N. Hosoito, K. Kawaguchi, T. Shinjo, T. Takada and Y. Endoh, J. Phys. Soc. **53** (1984) 2659).
34) K. Takanashi, H. Yasuoka, K. Kawaguchi, N. Hosoito and T. Shinjo, J. Phys. Soc. Jpn. **53** (1984) 4315.
35) N. Nakayama, I. Katamoto and T. Shinjo, J. Phys. F. Met. Phys. **18** (1988) 935.
36) M. Przybylski and U. Gradmann, Phys. Rev. Lett. **59** (1987) 1152.
  M. Przybylski, I. Kaufmann and U. Gradmann, Phys. Rev. **B 40** (1989) 8631.
37) C. M. Schneider, P. Bressfer, P. Schuster, J. Kirschner, J. J. de Miguet and M. Campagna, Phys. Rev. Lett. **54** (1985) 1555.
38) N. Nakayama, I. Moritani and T. Shinjo, Phil. Mag. **A 59** (1989) 547.
39) H. Dohnomae, K. Shintaku, N. Nakayama and T. Shinjo, J. Magn. &

Magn. Mater. **126** (1993) 346.
40) L. N. Liebermann, D. R. Fredkin and H. B. Shore, Phys. Rev. Lett. **22** (1969) 539.
   L. N. Liebermann, J. Clinton, D. M. Edwards and J. Mathon, Phys. Rev. Lett. **25** (1970) 232.
41) S. Hine, T. Shinjo and T. Takada, J. Phys. Soc. Jpn. **47** (1979) 3015.
42) S. Ohnishi, M. Weinert and A. J. Freeman, Phys. Rev. **B 30** (1984) 36.
43) B. J. Thaler, J. B. Ketterson and J. E. Hilliard, Phys. Rev. Lett. **41** (1978) 336.
44) 光磁気記録材料としての3d/希土類アモルファス合金あるいは人工格子について, 参考書としてはたとえば,
   佐藤勝昭, 「光と磁気」(朝倉書店, 2001).
45) K. Mibu and T. Shinjo, Hyperfine Interactions **113** (1998) 287.
46) K. Mibu, N. Hosoito and T. Shinjo, Hyperfine Interactions **54** (1990) 831.
47) U. Gradmann, Appl. Phys. **3** (1974) 161.
48) P. F. Carcia, A. D. Meinhaldt and A. Suna, Appl. Phys. Lett. **47** (1985) 178.
49) H. J. G. Draaisma, W. J. M. de Jonge and F. J. A. den Broeder, J. Magn. & Magn. Mater. **66** (1987) 3521.
50) K. Mibu, T. Nagahama, T. Shinjo and T. Ono, Phys. Rev. **B 58** (1998) 6442.
51) 総説としては,
   S. T. Ruggiero and M. R. Beasley (L. L. Chang and B. C. Giessen 編), "Synthetic Modulated Structure" (Academic Press, 1985) p. 365.
52) J. G. Bednorz and K. A. Muller, Z. Phys. **B 64** (1986) 189.
53) K. Kanoda, H. Mazaki, N. Hosoito and T. Shinjo, Phys. Rev. **B 35** (1987) 6736.
54) K. Kawaguchi and M. Soma, Phys. Rev. **B 46** (1992) 14722.
55) T. Terashima and Y. Bando, J. Appl. Phys. **56** (1984) 3445.
56) T. Terashima, K. Shimura, Y. Bando, Y. Matsuda, A. Fujiyama and

Komiyama, Phys. Rev. Lett. **67** (1991) 1362.
57) K. Ueda, H. Tabata and T. Kawai, Science **280** (1998) 1064.
58) W. M. C. Yang, T. Tsakalakos and J. E. Hilliard, J. Appl. Phys. **48** (1977) 876.
59) 総説としてはたとえば,
宋亦周, 徐義孝, 山本良一, 文献 4, p. 231.
60) U. Helmerson, S. Todorova, S. A. Barnett, J. E. Sundgren, L. C. Markert and J. E. Greene, J. Appl. Phys. **62** (1987) 481.
61) X線光学素子(スパーミラー)に関する解説としては,
波岡武, 山下広順編, 「X線結像光学」(培風館, 1999).
62) M. N. Baibich, J. M. Broto, A. Fert, F. Nguyen Van Dau, F. Petroff, P. Eitenne, G. Creuzet, A. Friederich and J. Chazelas, Phys. Rev. Lett. **61** (1988) 2472.
63) GMRに関する参考書としてはたとえば,
U. Hartmann編, "Magnetic Multilayers and Giant Magnetoresistance" (Springer, 2000).
A. Berthelemy, A. Fert and F. Petroff (K. H. J. Buschow 編), "Handbook of Magnetic Materials, Vol. 12" (Elsevier, 1999).
新庄輝也, 前川禎通編, 「論文選集:巨大磁気抵抗効果」(日本物理学会, 1995).
64) G. Binasch, P. Grünberg, F. Saurenbach and W. Zinn, Phys. Rev. **B 39** (1989) 4828.
65) TMRに関する参考書としてはたとえば,
S. Maekawa and T. Shinjo編著, "Spin-Dependent Transport in Magnetic Nanostructures" (Taylor & Fransis, 2002).
66) N. Hosoito, S. Araki, K. Mibu and T. Shinjo, J. Phys. Soc. Jpn. **59** (1990) 1925.
67) A. Cebollada, J. L. Martinez, J. M. Gallego, J. J. de Miguel, R. Miranda, S. Ferre, F. Batallan, G. Fillion and J. P. Rebouillat, Phys. Rev. **B 39** (1989) 9726.
68) D. H. Mosca, F. Petroff, A. Fert, P. A. Schroeder, W. P. Pratt Jr. and

R. Loloee, J. Magn. & Magn. Mater. **94** (1991) 1.

S. S. P. Parkin, N. More and K. P. Roche, Phys. Rev. Lett. **64** (1990) 2304.

69) S. S. P. Parkin, Phys. Rev. Lett. **67** (1991) 3598.

70) J. Unguris, R. J. Celotta and D. T. Pierce, Phys. Rev. Lett. **67** (1991) 140.

71) S. N. Okuno and K. Inomata, Pjus. Rev. Lett. **72** (1994) 1553.

72) 層間結合に関する総説としては,

P. Grünberg (K. H. J. Buschow 編), "Handbook of Magnetic Materials, vol. 13" (Elsevier, 2000) p. 1.

73) K. Mibu, M. Almokhtar, S. Tanaka, A. Nakanishi, T. Kobayashi and T. Shinjo, Phys. Rev. Lett. **84** (2000) 2243.

74) T. Shinjo and H. Yamamoto, J. Phys. Soc. Jpn. **59** (1990) 3061.

75) N. Hosoito, T. Ono, H. Yamamoto, T. Shinjo and Y. Endoh, J. Phys. Soc. Jpn. **64** (1995) 581.

76) スピンバルブヘッドについての解説としてはたとえば,

E. Hirota, H. Sakakima and K. Inomata, "Giant Magnetoresistance Devices" (Springer, 2002).

77) H. Yamamoto, Y. Motomura, T. Anno and T. Shinjo, J. Magn. & Magn. Mater. **126** (1993) 437.

78) H. Itoh, J. Inoue and S. Maekawa, J. Magn. & Magn. Mater. **126** (1993) 479.

79) J. C. Slonczewski, Phys. Rev. **B 39** (1989) 6995.

80) T. Okuyama, H. Yamamoto and T. Shinjo, J. Magn. & Magn. Mater. **113** (1992) 79.

81) T. Shinjo (R. F. C. Farrow 他編), "Magnetism and Structure in Systems of Reduced Dimension" (Plenum Press, 1995) p. 323.

82) H. Sato, Y. Aoki, Y. Kobayashi, H. Yamamoto and T. Shinjo, J. Phys. Soc. Jpn. **62** (1993) 431.

83) B. Dieny, V. S. Speriosu, S. S. P. Parkin, B. A. Gurney, D. R. Wilhoit and D. Mauri, Phys. Rev. **B 43** (1991) 1297.

84) H. Sakakima, Y. Sugita and Y. Kawawake, J. Magn. & Magn. Mater. **210** (2000) L 20.
85) A. E. Berkowits, J. R. Mitchell, M. J. Carey, A. P. Young, S. Zahng, F. E. Spada, F. T. Parker, A. Hutten and G. Thomas, Phys. Rev. Lett. **68** (1992) 3745.
    J. Q. Xiao, J. S. Jiang and C. L. Chien, Phys. Rev. Lett. **68** (1992) 3749.
86) S. A. Makhlouf, K. Sumiyama, K. Wakoh, K. Suzuki, K. Takanashi and H. Fujimori, J. Magn. & Magn. Mater. **126** (1993) 485.
87) M. Tokunaga, N. Miura, Y. Tomioka and Y. Tokura, Phys. Rev. **B 57** (1998) 5259.
    CMRに関する参考書としてはたとえば,
    Y. Tokura編, "Colossal Magnetoresistance Oxides" (Gordon & Breach, 2000).
88) N. Tezuka and T. Miyazaki, J. Appl. Phys. **79** (1996) 6262.
    TMRに関する参考書としてはたとえば, 文献 65.
89) MRAMに関する解説としてはたとえば,
    S. S. P. Parkin (S. Maekawa and T. Shinjo 編著), "Spin-Dependent Transport in Magnetic Nanostructures" (Taylor & Fransis, 2002).
90) P. S. Anil Kumar, R. Jansen, O. M. J. vant Erve, R. Vlutters, P. de Haan and J. C. Lodder, J. Magn. & Magn. Mater. **214** (2000) L 1.
91) CPP-GMRに関する解説としてはたとえば,
    M. A. M. Gijs and G. E. W. Bauer, Adv. Phys. **46** (1997) 285.
    P. Levy, Solid State Phys. **47** (1994) 367.
92) W. P. Pratt Jr., S.-F. Lee, J. M. Slaughter, R. Loloee, P. A. Schroeder and J. Bass, Phys. Rev. Lett. **66** (1991) 3060.
93) M. A. M. Gijs, S. K. J. Lenczowski and J. B. Giesbers, Phys. Rev. Lett. **70** (1993) 3343.
94) L. Piraux, J. M. George, J. F. Despres, C. Leroy, E. Ferain, R. Legras, K. Ounadjela and A. Fert, Appl. Phys. Lett. **65** (1994) 2484.
    A. Fert and L. Piraux, J. Magn. & Magn. Mater. **200** (1999) 3361.
95) T. Ono and T. Shinjo, J. Phys. Soc. Jpn. **64** (1995) 363.

T. Ono, Y. Sugita, K. Shigeto, K. Mibu, N. Hosoito and T. Shinjo, Phys. Rev. **B 55** (1997) 14457.
96) M. A. M. Gijs, J. B. Giesbers, S. K. J. Lenczowski and H. H. J. M. Jansen, Appl. Phys. Lett. **63** (1993) 111.
97) J. A. Katine, F. J. Albert and R. A. Buhrman, Appl. Phys. Lett. **76** (2000) 354.
98) T. Ono, H. Miyajima, K. Shigeto, K. Mibu, N. Hosoito and T. Shinjo, J. Appl. Phys. **85** (1999) 6181.
K. Shigeto, T. Shinjo and T. Ono, Appl. Phys. Lett. **75** (1999) 2815.
99) 解説としてはたとえば,
S. Maekawa, S. Takahashi and H. Imamura (S. Maekawa and T. Shinjo 編著), "Spin-Dependent Transport in Magentic Nanostructures" (Taylor & Fransis, 2002).
100) N. Garcia, M. Munoz and T.-W. Zhao, Phys. Rev. Lett. **82** (1999) 2923.
101) J. J. Versluijs, M. A. Bari and J. M. D. Coey, Phys. Rev. Lett. **87** (2001).
102) 磁区構造一般に関する参考書としてはたとえば,
A. Hubert and R. Schafer, "Magnetic Domains" (Springer, 1998).
103) T. Shinjo, T. Okuno, R. Hassdorf, K. Shigeto and T. Ono, Science **289** (2000) 930.

索　引

あ

RHEED（reflective high energy electron diffraction）………25, 31
RHEED 強度の振動現象………32
RKKY 相互作用 ………64
RBS ………23
アモルファス ………2

い

異方性エネルギー
　　界面——………70
　　形状——………68
　　磁気——………68
　　表面磁気——………69
異方性 MR 効果 ………84

う

ウィスカー………91
ヴィッカース硬度………80
ウェッジ型試料………92
渦巻き型スピン構造………129
宇宙 X 線 ………82

え

永久磁石材料………72
AFM（atomic force microscopy）…24
AMR（anisotropic magneto-resistance）………84
STS（scanning tunneling spectroscopy）………24
STM（scanning tunneling microscopy）………24

X 線回折格子 ………12
X 線光学素子 ………82
NMR ………43, 50
エピタクシャル人工格子 ………27, 30
　　非——………40
エピタクシャル多層構造 ………2
Fe/Mg 人工格子 ………42
Fe/Cr 人工格子 ………83
fcc 構造 ………14
MFM（magnetic force microscopy）………24
MBE（molecular beam epitaxy）……1
MRAM（magnetoresistive random access memory） ………116

か

カー効果………60
界面異方性エネルギー………70
界面効果………16
拡散速度………18
核磁気共鳴吸収 ………43, 50
核四重極相互作用………43
ガンマ線………57

き

擬 CPP 配置 ………124
希土類人工格子………65
希土類と 3 d 金属による人工格子……65
共晶系………8
鏡面反射 ………108
巨大磁気抵抗効果………83
金属人工格子 ………2
金属窒化物………80

く

クーロンブロケード現象 ……………130
久保効果 …………………………125
グラニュラー系 …………………111
Cr 薄膜 ……………………………94

け

形状異方性エネルギー……………68
結合型 GMR ………………………90
原子間力顕微鏡……………………24
元素の周期表 ………………………4

こ

高温超伝導体………………………74
高透磁率材料 ………………………8
コヒーレンスの長さ………………75
固溶系 ………………………………6

さ

酸化物人工格子……………………79
三次元超伝導………………………75

し

CIP（current-in-plane） ………118
CEMS（conversion electron Mössbauer spectroscopy） ………57
CAP（current-at-an-angle-to-plane）
 ………………………………118
CMR（colossal magneto-resistance）
 ………………………………114
GMR（giant magneto-resistance）
 …………………83, 85, 86, 111
　　結合型————————90
　　——ヘッド——————110
　　非結合型————————97
CPP（current-perpendicular-to-plane） …………………………118
ジオメトリー………………………118
磁気異方性エネルギー ……… 68, 69
磁気記録再生ヘッド ……………107
磁気記録媒体 ……………………127
磁気抵抗（MR）効果 ………………84
　巨大………………………………83
磁気モーメント……………………15
磁気力顕微鏡………………………24
次元のクロスオーバー現象………77
磁壁の移動速度 …………………130
シャッター…………………………19
蒸着レート…………………………21
上部臨界磁場………………………76
人工格子
　　エピタクシャル—— ……27, 30
　　Fe/Mg—— ………………42
　　Fe/Cr———————83
　　希土類————————65
　　希土類と 3 d 金属による——…65
　　金属————————————2
　　酸化物————————79
　　非エピタクシャル——………40
　　ワイヤ状—— ………………120

す

水晶発振子…………………………22
垂直磁化スポット ………………132
垂直磁化膜…………………………65
ステップモデル……………………35
スパッタ法…………………………21
スピン依存散乱……………………88
スピン拡散距離 …………………124
スピンバルブ ……………… 98, 105
　　——トランジスタ ……………117
　　デュアル—— …………………107

スピン密度波	95
スプリングマグネット	71

そ

層間結合	88
走査型トンネル顕微鏡	24
組成変調膜	30, 64

た

第一種超伝導体	77
第二種超伝導体	77
単結晶試料	109

ち

中性子回折	64
超強力磁石	73
超交換相互作用	79
超高真空用ポンプ	21
超弾性効果	17
超伝導	74
三次元——	75
二次元——	75
長波長 X 線	3

て

TEM	26
TMR	84, 113
低次元効果	16
テクスチュア膜	28
dead layer	63
デュアルスピンバルブ	107
電子ビーム描画装置	126
電着法	22

と

同位元素 ^{57}Fe	50
透過電子顕微鏡観察	26

銅酸化物	74
同時蒸着法	8
トンネル MR 効果	84, 113

な

内部磁場	45
ナノインデンテーション法	80
ナノクリスタル	9
ナノコンポジットマテリアル	9
ナノワイヤ試料	22

に

二元状態図	6
二次元回折ストリーク	34
二次元磁性体	61
二次元超伝導	75

ね

熱伝導度	103
熱平衡状態	6

は

ハードディスクドライブ	110
パスカル (Pa)	1
反強磁性層間結合	85
反射電子回折	25, 31
反射法メスバウアー測定	57
半導体超格子作製	1
バンド構造	17
反平行磁化配置	87

ひ

bcc 構造	14
非エピタクシャル人工格子	40
光磁気記録技術	60
非結合型 GMR	97
微細加工技術	125, 126

ビッター図形 …………………… 129
表面界面の磁性 ………………… 63
表面磁気異方性エネルギー …… 69
ピン層 …………………………… 106

ふ

ファラデー効果 ………………… 60
フィボナッチ数列 ……………… 13
フリー層 ………………………… 106
ブリルアン散乱法 ……………… 80
分子線セル ……………………… 19

へ

平均自由行程 …………………… 124

ほ

保磁力の差 ……………………… 97
ボルテックス …………………… 129
　　──コア …………………… 131

ま

マイクログルーブ ……………… 121
　　──基板 ………………… 121

膜厚計 …………………………… 22

め

メスバウアー分光法 …………… 43
メンブランフィルタ …………… 120

ら

ラザフォード後方散乱分光 …… 23
ラフネス ………………………… 50

り

リフトオフ法 …………………… 126
量子井戸 ………………………… 93

れ

レーザーアブレーション ……… 22

ろ

ローレンツ顕微鏡 ……………… 129

わ

ワイヤ状人工格子 ……………… 120

材料学シリーズ　監修者

堂山昌男	小川恵一	北田正弘
帝京科学大学教授	横浜市立大学教授	東京芸術大学教授
東京大学名誉教授	Ph. D.	工学博士
Ph. D., 工学博士		

著者略歴　新庄　輝也（しんじょう　てるや）
- 1938 年　京都に生れる
- 1961 年　京都大学理学部卒業
- 1966 年　京都大学大学院理学研究科修了（理学博士）
- 1966 年　京都大学化学研究所助手
- 1976 年　京都大学化学研究所助教授
- 1982 年　京都大学化学研究所教授
- 1996～1998 年　京都大学化学研究所所長
- 1992～2000 年　文部省学術国際局科学官兼任
- 2000 年　紫綬褒章受章
- 現在にいたる

著　書　「金属人工格子」（共編著）（アグネ技術センター）
Spin-Dependent Transport in Magnetic Nanostructures（共編著）(Taylor and Fransis, 2002)

2002 年 3 月 25 日　第 1 版発行

検印省略

材料学シリーズ

人工格子入門

新材料創製のための

著　者 © 新　庄　輝　也
発行者　内　田　　悟
印刷者　山　岡　景　仁

発行所　株式会社　内田老鶴圃　〒112-0012 東京都文京区大塚 3 丁目 34 番 3 号
電話 (03) 3945-6781（代）・FAX (03) 3945-6782
印刷・製本／三美印刷 K. K.

Published by UCHIDA ROKAKUHO PUBLISHING CO., LTD.
3-34-3 Otsuka, Bunkyo-ku, Tokyo, Japan

U. R. No. 517-1

ISBN 4-7536-5616-0 C3042

材料学シリーズ　堂山昌男・小川恵一・北田正弘　監修　各A5判

人工格子入門　新材料創製のための

新庄輝也　著　160頁・本体2800円

親しみやすい語り口でこれまでの研究の成果をまとめ，今後の発展の可能性を述べる．薄膜から人工格子へ／人工格子の作製と構造評価／人工格子の特性／巨大磁気抵抗効果（GMR）／GMRに関連するトピックス

既刊書		
結晶・準結晶・アモルファス	竹内　伸・枝川圭一著	192p.・3200円
鉄鋼材料の科学	谷野　満・鈴木　茂著	304p.・3800円
再結晶と材料組織	古林英一著	212p.・3500円
金属の相変態	榎本正人著	304p.・3800円
金属物性学の基礎	沖　憲典・江口鐵男著	144p.・2300円
入門　材料電磁プロセッシング	浅井滋生著	136p.・3000円
高温超伝導の材料科学	村上雅人著	264p.・3600円
金属電子論	水谷宇一郎著	上・276p.・3000円　下・272p.・3200円
バンド理論	小口多美夫著	144p.・2800円
結晶電子顕微鏡学	坂　公恭著	248p.・3600円
X線構造解析	早稲田嘉夫・松原英一郎著	308p.・3800円
水素と金属	深井　有・田中一英・内田裕久著	272p.・3800円
セラミックスの物理	上垣外修己・神谷信雄著	256p.・3500円
オプトエレクトロニクス	水野博之著	264p.・3500円

薄膜物性入門

L.Eckertova　著　井上泰宣・鎌田喜一郎・濱崎勝義　訳

A5判・400頁・本体6000円

応用範囲の極めて広い薄膜についてその作製法から性質・応用までを幅広くまとめる．解説は詳細，平易で，学生には入門書として，また研究者には知識のまとめに好適．

材料表面機能化工学

岩本信也　著

A5判・600頁・本体12000円

下地に含まれる希有金属をいかに長持ちさせるか，逆に下地に廉価な材料を用い腐食・触媒などを支持する表面に少量に希有金属を効率よく被覆また包合させる方法を総括する．

金属の疲労と破壊　破面観察と破損解析

C.R.Brooks他　著　加納　誠・菊池正紀・町田賢司　訳

A5判・360頁・本体6000円

本書は破面観察に重点を置き，要点を描写したきわめて多くの電子顕微鏡写真，図版を掲載する．他に類を見ない内容と実利性を備え，初学者にも親切な解説書となっている．